中国石油勘探开发研究院出版物

构造变形与油气成藏实验和数值模拟技术系列丛书·卷三

主编 赵孟军 刘可禹 柳少波

油气成藏数值模拟技术与应用

刘可禹 黄 秀◎著

Petroleum Reservoir Numerical Simulation
Techniques and Applications

科学出版社

北京

内 容 简 介

本书介绍基于要素和过程约束的盆地模拟的主要核心技术方法和应用,包括如何以古地理、古气候、古水文为基础的沉积地层正演模拟、以水-岩相互作用为主的成岩作用数值模拟方法的应用、分子动力学模拟在非常规储层矿物吸附的应用、多物理场作用下油气运聚模拟,以及生烃增压数值模拟的原理与应用等内容,通过实例研究展示各个模块的应用效果。

本书适合从事含油气系统盆地模拟的研究人员,尤其是研究非常规油气系统及相关专业的人员阅读,也可作为相关专业的高等院校师生的参考用书。

图书在版编目(CIP)数据

油气成藏数值模拟技术与应用=Petroleum Reservoir Numerical Simulation Techniques and Applications / 刘可禹,黄秀著. —北京:科学出版社,2017.2

(构造变形与油气成藏实验和数值模拟技术系列丛书/赵孟军,刘可禹,柳少波主编;3)

ISBN 978-7-03-049990-5

Ⅰ.①油… Ⅱ.①刘… ②黄… Ⅲ.①油藏数值模拟 Ⅳ.①TE319

中国版本图书馆 CIP 数据核字(2016)第 229572 号

责任编辑:万群霞 / 责任校对:郭瑞芝
责任印制:肖 兴 / 封面设计:无极书装

科 学 出 版 社 出版
北京东黄城根北街 16 号
邮政编码:100717
http://www.sciencep.com

北京新华印刷有限公司 印刷
科学出版社发行 各地新华书店经销
*
2017 年 2 月第 一 版 开本:787×1092 1/16
2017 年 2 月第一次印刷 印张:12
字数:280 000

定价:168.00 元
(如有印装质量问题,我社负责调换)

丛书序

进入 21 世纪以来，我国油气勘探进入一个新的阶段，以湖盆三角洲为主体的岩性油气藏、复杂构造为主体的前陆冲断带油气藏、复杂演化历史的古老碳酸盐岩油气藏、高温高压为特征的深层油气藏、低丰度连续分布的非常规油气藏已成为勘探的重要对象，使用传统的手段和实验技术方法解决这些勘探难题面临较大的挑战。自 2006 年以来，在中国石油天然气集团公司(以下简称中国石油)科技管理部的主导下，先后在中国石油下设研究机构和油田公司建立起了一批部门重点实验室和试验基地，盆地构造与油气成藏重点实验室就是其中的一个。盆地构造与油气成藏重点实验室依托中国石油勘探开发研究院，大致经历了三个阶段，即 2006 年至 2010 年的主要建设时期、2010 年正式挂牌到 2012 年的试运行时期和 2013 年来的发展时期。盆地构造与油气成藏重点实验室建设之前，我院构造、油气成藏研究相关的实验设备和实验技术基本为空白。重点实验室围绕含油气盆地形成与构造变形机制、油气成藏机理与应用和盆地构造活动与油气聚集等三大方向，重点开展了油气成藏年代学实验分析、构造变形与油气成藏物理模拟和数值模拟技术系列的能力建设，引进国外先进实验设备 35 台/套，自主设计研发物理模拟等实验装置 11 台/套。

通过 10 年来的实验室建设与发展，形成了物理模拟、数值模拟、成藏年代学、成藏参数测定等四大技术系列的 31 项单项技术，取得了 5 个方面的实验技术方法重点成果：创新形成了以流体包裹体、储层沥青、自生伊利石测年等为核心的多技术综合应用的油气藏测年技术，有效解决了多期成藏难题；自主设计制造了全自动定量分析构造变形物理模拟系统，建立了相似性分析参数模板，形成了应变分析和三维重构技术；利用构造几何学和运动学分析，构建三维断层、地层结构，定量恢复三维模型构造应变分布，形成了构造分析与建模技术；自主研发了油气成藏物理模拟系统，为油气运移动力学、运聚过程、变形与油气运移、成藏参数测定等研究提供技术支持；利用引进的软件平台，开发了适合我国地质条件的盆地模拟技术、断层分析评价技术和非常规油气概率统计资源评价方法。

"构造变形与油气成藏实验和数值模拟技术"系列丛书是对实验室形成的技术方法的全面总结，丛书由五本专著构成，分别是《油气成藏年代学实验分析技术与应用》(卷一)、《非常规油气地质实验技术与应用》(卷二)、《油气成藏数值模拟技术与应用》(卷三)、《油气成藏物理模拟技术与应用》(卷四)、《构造变形物理模拟与构造建模技术与应用》(卷五)。丛书中介绍的实验技术与方法来自三个方面：一是实验室建设过程中研究人员与实验人员共同开发的技术成果，其中也包括与国内外相关机构和实验室的合作成果；二是来自对前人建立的实验技术与方法的完善；三是基于丛书主线和各专著需求，总结国内外已有的实验技术与方法。

  "构造变形与油气成藏实验和数值模拟技术"系列丛书是盆地构造与油气成藏重点实验室建设与发展成果的总结，是组织、参与实验室建设的广大科研人员和实验人员集体智慧的结晶。在这里，衷心感谢重点实验室建设时期的领导和组织者、第一任重点实验室主任宋岩教授，正是前期实验室建设的大量工作，奠定了重点实验室技术发展和系列丛书出版的基础；衷心感谢以贾承造院士、胡见义院士为首的重点实验室学术委员会，他们在重点实验室建设、理论与技术发展方向上发挥了指导和引领作用；感谢重点实验室依托单位中国石油勘探开发研究院相关部门的支持与付出；同时感谢中国石油油气地球化学和油气储层重点实验室的支持和帮助。

  希望通过丛书的出版，让更多的研究人员和实验人员关注构造与油气成藏实验技术，推动实验技术的发展；同时，我们也希望通过这些技术方法在相关研究中的应用，带动构造与油气成藏学科的发展，为国家的油气勘探和科学研究做出一份贡献。

赵孟军 刘可禹 柳少波

2015 年 7 月 1 日

前言

如何降低非常规油气的勘探开发风险,对石油勘探家是个巨大的挑战。要迎接这一挑战,不仅要求石油勘探家从传统的石油地质描述和不同复杂盆地现象的观察上升到理论和机理上的认识,而且需要研发新的油气资源评价技术。本书重点介绍要素和过程约束的油气数值模拟技术,与传统的盆地模拟技术相比,基于要素和过程约束的盆地模拟技术实现了以控制沉积盆地演化的主要动力学过程为基础的定性分析到定量化的表征,比基于经典含油气系统分析基础的盆地模拟技术更合理、更完善、更具逻辑性,可应用到非常规油气藏领域更广的模拟,而且更具有可预测性。

本书介绍基于要素和过程约束的盆地模拟技术核心数值模块,主要包含五个方面:沉积地层模拟、成岩作用模拟、分子动力学模拟、油气运聚模拟及生烃增压模拟。沉积地层模拟主要是基于沉积过程的约束,遵从质能守恒原则,综合考虑古气候、古地貌、水动力等条件,从而控制沉积储层、烃源岩及盖层非均质性,并能预测整个盆地的高分辨率沉积相。成岩作用模拟主要建立在沉积微相、沉积间断和流体成分的基础上,能够有效地耦合模拟流体-岩石相互作用及产物的运移,从而模拟岩石胶结、交代作用,溶蚀孔隙、孔喉的破坏与保存,以及孔隙充填物成分及润湿性等。由于目前非常规油气的勘探与开发需要涉及纳米(接近分子尺度)尺度的孔喉,在含油气系统盆地模拟中增加分子动力学模拟模块能够实现对非常规油气赋存状态、运移、聚集更准确的定量模拟。多物理场作用下油气运聚模拟比经典的油气运移、聚集模拟能够更准确地模拟油气运聚。生烃增压模拟主要基于烃源岩孔隙空间膨胀可以产生超压的原理,充分考虑油气水的温度、压力、黏度、密度等参数对油气运移的重要影响,从而能够定量恢复烃源岩中生烃作用形成的超压演化史。

基于要素和过程约束的盆地模拟技术可以很容易地应用于不同的沉积环境和岩石类型中。在缺乏地质资料和地震资料精度不高的地区开展油气生、排、运、聚、圈、盖、保要素的油气勘探风险评价,作为预测生、储、盖地层的时空分布、表征烃源岩有机质含量和非均质性,以及盖层质量与非均质性的手段具有无比的优越性。基于要素和过程约束的盆地模拟技术独特的优越性之一是具有成岩作用模拟及模拟油气在储层矿物吸附的分子动力学模型,填补了盆地模拟在岩性油气藏和非常规油气藏模拟方面的空白。

本书是基于中国石油股份有限公司"十二五"重大勘探领域基础理论与评价方法、实验技术研究"要素与过程约束的油气系统分析、模拟与评价"课题的研究成果。全书共八章。第一章主要论述盆地模拟技术的研究进展,由刘可禹、黄秀编写;第二章主要介绍如何以岩心、钻/测井、地震资料为基础,以具体实例开展沉积地层模拟,由黄秀、刘可禹编写;第三章主要是以水-岩相互作用为主的成岩作用数值模拟方法及其应用,由许天福、杨磊磊、刘可禹、黄秀编写;第四章主要是分子动力学在非常规储层矿物吸附的数值方法和应用,由张俊芳、刘可禹、黄秀编写;第五章主要介绍多物理场作用下油气运聚模拟,由刘可禹、黄秀编写;第六章主要介绍生烃增压模拟的原理与应用,由郭小文、刘可禹、黄秀编写;第七章是含油气系统微观参数尺度粗化的数值方法研究,由崔学慧、明辉、刘可禹、黄秀编写;第八章是集成油气勘探风险评价模拟的框架设计,由刘可禹、黄秀编写。本书最后由刘可禹、黄秀统稿。早期的一些文章已在英文和中文刊物上发表,把它们编入本书是因为它们涉及一些技术的基础和概念,或提供了一些应用实例,而不是其他研究的简单复制。

本书得到了吉林大学许天福教授、大同大学张俊芳教授和中国地质大学(武汉)郭小文副教授的指导;还得到了中国石油大学(北京)崔学慧副教授及澳大利亚联邦科学与工业研究院 Lincoln Paterson、James Gunning 和 Cedric Griffiths 博士的协助,在此一并表示感谢。

限于作者水平,书中难免存在不足,敬请读者批评指正。

作　者

2016 年 9 月

目 录

丛书序

前言

第一章 绪论…………………………………………………………………………… 1

一、层序地层模拟研究现状 …………………………………………………… 1

二、成岩作用模拟研究现状 …………………………………………………… 2

三、分子动力学研究现状 ……………………………………………………… 2

四、油气运聚模拟研究现状 …………………………………………………… 3

五、生烃增压研究现状 ………………………………………………………… 3

六、随机尺度效应模型研究进展 ……………………………………………… 4

第二章 沉积体系非均质性定量表征 ……………………………………………… 6

第一节 沉积体系非均质性定量表征方法 ……………………………………… 6

一、Levy 函数原理 ……………………………………………………………… 6

二、SEDSIM 三维正演模拟原理 ……………………………………………… 8

第二节 鄂尔多斯盆地延长组(长 8 段—长 6 段)沉积非均质性特征 ……… 11

一、自相似性参数分析 ………………………………………………………… 11

二、鄂尔多斯盆地长 8 段—长 6 段层序地层正演模拟 …………………… 13

第三章 油气储层水-岩相互作用 …………………………………………………… 40

第一节 成岩作用类型 …………………………………………………………… 40

第二节 数据库及公式 …………………………………………………………… 41

一、常见砂岩热力学数据库 …………………………………………………… 41

二、矿物反应动力学数据库 …………………………………………………… 42

三、热动力和反应动力学数学公式 …………………………………………… 43

第三节 成岩演化过程中水岩化学作用及孔隙度演变 ………………………… 43

一、库车拗陷储层物性特征 …………………………………………………… 43

二、库车拗陷典型成岩作用 …………………………………………………… 45

三、库车拗陷储层演化 ………………………………………………………… 46

四、库车拗陷成岩序列 ………………………………………………………… 46

五、成岩过程中水岩化学作用的数值模拟 …………………………………… 46

第四节 CO_2 参与下致密砂岩储层孔隙度的形成及分布 ………………… 47

一、鄂尔多斯盆地储层岩性和物性特征 ……………………………………… 47

二、成岩演化过程 ……………………………………………………………… 49

三、成岩与成藏关系 ·········· 50

四、区域非均质致密砂岩储层成岩作用模拟 ·········· 51

第四章 非常规储层矿物吸附的分子动力学 ·········· 60

第一节 分子动力学模拟 ·········· 61

一、分子动力学模拟的核心 ·········· 61

二、分子动力学模拟的步骤 ·········· 61

第二节 蒙特卡罗模拟 ·········· 61

一、正则蒙特卡罗方法（NVT）介绍 ·········· 62

二、巨正则蒙特卡罗方法（μVT）介绍 ·········· 63

第三节 分子动力学模拟的应用 ·········· 64

一、天然气在 SiO_2 中的吸附研究 ·········· 64

二、天然气在 Na-蒙脱石层中的吸附研究 ·········· 68

三、二氧化碳在辛烷中的溶解度及其对辛烷膨胀系数的影响 ·········· 72

四、二氧化碳和甲烷在沸石中的吸附 ·········· 74

第五章 油气运聚区段识别 ·········· 78

第一节 油气二次运移机制 ·········· 78

一、浮力 ·········· 78

二、毛细管压力 ·········· 79

第二节 油柱油饱和度 ·········· 80

一、油柱中的油饱和度 ·········· 80

二、油运移通道中的油饱和度 ·········· 81

第三节 油气运聚区段原理 ·········· 81

一、油气运聚区段算法 ·········· 81

二、孔隙孔径拟合参数 A_p 的校正 ·········· 83

第四节 Vulcan 次级盆地油气运移研究 ·········· 84

一、区域地质 ·········· 84

二、方法与工作流程 ·········· 87

三、集成 OMI、GOI 和 FIS 研究油气运移 ·········· 90

四、结果与讨论 ·········· 100

五、结论 ·········· 102

第六章 生烃增压模拟研究 ·········· 103

第一节 生烃增压数值模型 ·········· 104

一、生油增压数值模型 ·········· 104

二、生气增压模型建立 ·········· 106

第二节 渤海湾盆地东营凹陷生油增压定量化评价 ·········· 110

一、渤海湾盆地东营凹陷地质概况 ·········· 110

二、东营凹陷超压特征 ·········· 112

三、烃源岩压力演化 ·········· 124

第三节　准噶尔盆地腹部生气增压定量化评价 ················· 128

一、区域构造特征及构造单元划分 ················· 128

二、准噶尔盆地的实测超压分布与测井响应特征 ················· 130

三、超压预测 ················· 134

四、生气增压演化模拟结果 ················· 142

第七章　含油气系统微观参数尺度粗化的数值方法研究 ················· 144

第一节　基于尺度效应模型的随机模拟方法 ················· 144

一、模拟方法 ················· 145

二、模拟程序设计 ················· 150

第二节　微观参数的尺度提升方法 ················· 153

一、简单平均法 ················· 154

二、简单拉普拉斯尺度提升法 ················· 154

三、拉普拉斯-外壳法 ················· 155

四、非均匀离散粗化 ················· 156

五、重正化方法 ················· 156

六、有效介质方法 ················· 156

七、分形、分形维数及地质科学中分形 ················· 157

八、地质参数的分形特征 ················· 159

九、基于局部分形维数的 upscaling 方法 ················· 159

第八章　集成油气勘探风险评价模拟整体构架设计 ················· 164

第一节　盆地及含油气系统模拟方法及原理 ················· 164

第二节　盆地及含油气系统模拟平台发展史 ················· 165

第三节　盆地及含油气系统模拟平台的架构 ················· 165

第四节　iPeraMod 模拟平台整体架构 ················· 168

第九章　结论 ················· 169

参考文献 ················· 171

第一章　绪　　论

随着油气勘探的革命性发展,尤其是从传统的油气勘探到非常规油气勘探及资源和风险评价的转型,需要石油勘探专家从传统的石油地质描述上升到理论认识;从不同复杂盆地现象的观察上升到机理上的认识。在此基础上,需要实现从定性分析到定量化的表征,即要求在区域地质和对含油气系统的要素和过程认识的基础上,通过要素和过程约束的油气系统模拟技术对油气勘探做定量风险评价。

随着计算机技术、语言、算法的快速发展,计算机模拟科学的日趋完善和地质资料的数字化(如 3D 地震、测井、数字岩心),使大规模、多因素、多过程、跨尺度、全过程动态模拟复杂地质系统成为可能。目前使用的盆地模拟软件均是基于经典的含油气系统分析而建立起来的,但随着岩性、非常规油气的勘探和开发,现有的盆地模拟软件已无法满足油气勘探开发的需求,因此,需要建立一个全新的油气系统模拟技术以实现不同条件下的油气勘探做定量风险评价。

盆地模拟技术基于物理、化学的地质机理,在时空概念下由计算机定量模拟油气盆地的形成和演化,烃类的生成、运移和聚集,能够直接揭示盆地油气地质规律的本质。1978年,世界上出现了第一个一维盆地模拟系统;20 世纪 80 年代出现了二维盆地模拟系统;90 年代开始了三维盆地模拟系统的研发。盆地模拟技术虽然已有 30 多年的发展历史,但仍是当今世界石油勘探大力发展的技术,也是石油地质定量化研究的热门手段,被认为是油气勘探七大关键技术的第二项技术。实际上,盆地模拟不仅仅是油气资源评价的工具,更重要的是已成为油气地质勘探日常地质分析的必备技术。

目前使用最多的三大软件是法国石油研究院的 TemisFlow,斯伦贝谢(Schlumberger)公司的 PetroMod 和 PRA 公司的 BasinMod。在过去 10 多年里又有一些新的模拟软件出现,[如智微(Zetaware)公司的 Trinity,挪威石油公司研究院的 SEMI 和哈里伯顿(Haliburton)公司的 Permedia],它们使用的新算法和技术使三维动态模拟变得更加快速有效。目前在含油气系统模拟软件中所包含的主要模型有压实模型、成熟度模型、热流模型、热导率模型、热容模型、生烃动力学模型、孔隙度模型、渗透率模型、毛细管压力模型、孔隙流体压力模型、流体动力模型、成岩作用模型、断层封闭性模型、构造模型、PVT 模拟模型。比较完善的模型主要包括压实模型、成熟度模型、热流模型、热导率模型、热容模型、生烃动力学模型和构造模型,其他的模型都还需要进一步完善。

一、层序地层模拟研究现状

目前所有的含油气系统模拟软件中的沉积地层模拟都是基于地震和测井的解释结果进行内插或外推,而没有用沉积过程去约束,所以缺乏预测性及准确刻画生储盖地层的非均质性。地震沉积学是近年来发展起来的新的沉积相分析方法,但它只能从三维地震数据来获取沉积相,不能预测地震资料区域以外沉积相的分布。顾家裕和张兴阳(2006)指出层序地层学模拟是层序地层学理论的重要组成部分,是层序分析的一项常规研究手段和技术方法,可以对盆地沉降、湖平面的变化、沉积物供给、沉积物压实、沉积和剥蚀过程及沉积体形态参数等进行定量描述。控制沉积储层、烃源岩及盖层非均质性模拟的主要模型是层序地层模拟。

层序地层模拟主要有正演模拟和反演模拟。正演模型主要假定沉积过程参数和地层响应之间具有相互依存性,然后通过应用一些算法和数学公式来模拟这一假定性能,这些算法和逻辑组成了正演模型。影响沉积过程的相关参数主要包括海平面升降、构造沉降、沉积物供给、侵蚀、搬运和沉积、压实和沉积地形等。正演模拟的输出结果包括地层的几何形态、岩相、粒度分布、伪测井曲线和伪地震剖面、岩石属性及生物相等(Shuster and Aiger,1994;Wendebourg,1994)。目前层序地层正演模拟软件主要有几何模型如 Sedpak(Kendall et al.,1991)、扩散方程模型如 DYONISOS(Granjeon and Joseph,1996;Granjeon,1997)、模糊函数模型如 FUZZIM(Nordlund,1996)、流体动力学方程如 SEDSIM(Tetzlaff and Harbaugh,1989)。反演模拟是根据经验观测进行推理的一种定量方法(Cross and Lessenger,1999),包括三部分:地层正演模型、用于与正演模拟结果相比较的观察资料及比较正演模型输出的值和实际观测值的数学反演算法。反演算法不仅能够反复比较观测值,而且能够不断调整正演模型参数值,直到模拟值与观测值之间的差异达到最小并获得最佳拟合为止。然而,由于反演模型存在多解性,即不同的过程参数的多重结合可以产生相同的地层,地层反演模拟的可行性遭到了一些学者的质疑(Burton et al.,1987)。

二、成岩作用模拟研究现状

盆地内的地温场、流体场、构造应力场对储集层质量的控制作用、对次生孔隙形成机理及次生孔隙发育带的分布等方面的研究均有了重大进展,为成岩作用数值模拟奠定了理论基础。目前成岩作用数值模拟方法可以分为两大类。第一类是作用模拟:基于各类物理或化学作用模型(多是单因素模型)模拟各种具体的成岩作用,主要用于单项成岩机理研究,在储集层预测方面实用性尚差,而且不能从整体上反映成岩作用对碎屑岩储集层的改造程度。第二类是效应模拟:不考虑具体的成岩作用过程,只考虑各种成岩作用的综合结果,强调的是预测储集层的目的性,而不是成岩机理研究,回避了多种具体成岩作用过程中的不确定因素,简化了模型,提高了实用性。一般的成岩作用数值模拟过程是:首先在成岩特征研究基础上建立目标区的成岩阶段划分标准,然后借鉴盆地分析技术,在埋藏史、热史反演的基础上反演各成岩参数,建立成岩演化史,并通过模拟井网预测各成岩参数在地层空间中的分布,从而勾画出成岩阶段的空间分布规律。成岩作用数值模拟主要有以下几个方面的应用:①模拟成岩史;②预测成岩阶段空间分布;③预测次生孔隙发育带空间分布;④评价和预测有利储层分布;⑤研究孔隙演化的主控因素。

三、分子动力学研究现状

在致密砂岩及页岩油气藏开发过程中,储层微观结构及多尺度配置关系是控制油气有效流动或产能的核心。天然气分子在纳微尺度空间内的赋存状态以吸附为主,因此,对纳米孔材料中流体分子的扩散、吸附的研究具有重要的理论意义和开采应用价值。在孔道壁的作用下,在受限的空间内,流体的行为和许多性质将发生变化,其主要原因是受限的空间和巨大的比表面对分子相互作用能、分子运动、物质相变等行为具有重要的影响。由于受微孔体系空间上的限制及系统具有的复杂性,流体在微孔中的吸附、扩散性质往往难以直接通过实验测定而获得,传统的理论也不再适用于描述微孔中的流体行为,实验与理论研究都面临着较大的困难和挑战。分子动力学模拟可以弥补实验和理论研究的缺陷。它可以从分子的角度研究不同复合体系的物理化学特性,其突出优点是可以获得原子分子的运动轨迹,可以显示物质结构、特性等随时间的变化,可以观察体系的动态现象。因此,一些与时间有关的宏观量必须用分子动力学模拟才能得到。其成本低廉,但为实验和理论无法解决的物理、化学问题提供了有效可行的方法。

四、油气运聚模拟研究现状

油气的二次运移和聚集,是指油气从低孔、低渗的生油层排入高孔、高渗的储集层后,在作为储运系统的储集层、断层和不整合面内的运移及在作为圈闭系统的储集层中的聚集,包括已经成藏的油气由于圈闭条件的改变进行重新分布的运移和聚集。关于油气运移的机理,早期的解释认为石油是以溶解于水的方式或以扩散方式进行运移的。然而最近 20 年来的研究表明,这两种方式所引起的作用远不足以完成如此大量的油气运移。目前,人们普遍接受的是独立相态流动机理,即油与水呈各自的相态混相流动,这是油气运移的主要形式。因此,引入达西定律及推广的多相达西定律来描述油气运移过程。运聚模拟系统首先要获得流体流动赖以依附的孔隙介质(即沉积地层)的有关数据,这些介质数据由盆地模拟系统的构造史、沉积史、储层发育史的模拟结果提供。由于盆地有一个演化发育过程,所有介质数据都与时间变量有关。这些数据包括剖面岩性数据的分布、孔隙度数据、绝对渗透率数据、断层数据等,这些数据刻画了储运层的孔隙物理性质及断层的开、闭状态(结合到断层网格属性处理)和盖层的致密程度、圈闭条件。运聚模拟系统根据这些数据确定出烃类可能的运移通道和储集层,并获得与这类介质相对应的时刻模拟参数。不同相态的流体是油气运移聚集过程中的主体,运聚模拟的目的是要确定各相流体在盆地中的分布。地下水的流动对油气的运移和聚集有重大影响,盆地内的地下水始终处于流动状态中,尽管有时流速非常缓慢。因此,任何油气运聚模型都必须考虑地下水的作用。当生油层到达生油门限后,随着沉积压实作用、生烃作用和生水作用的继续,生油层内部压力增大,石油开始与地层水体一起向周围高孔隙度、高渗透率的砂岩等储层排出,进行二次运移和聚集过程,这一过程受地下渗流力学、达西定律等的支配。开始时石油呈油滴状态由水体带动,然后逐渐形成团块并由逐渐增大的浮力驱动,在适当的位置相对稳定成藏。驱动石油进行运移聚集的主要动力包括构造运动力、浮力、水动力、毛细管力等。

五、生烃增压研究现状

在全球发育的近 180 个异常压力的盆地中,绝大部分为超压盆地,且很多盆地的油气主要来源于超压烃源岩(Hunt,1990)。含油气盆地超压的成因或形成机制异常复杂,是多种因素(地质、物理、地球化学和动力学)共同作用的结果。压实不均衡(Dickinson, 1953;Rubey and Hubbert,1959)、孔隙流体热膨胀(Barker,1972;Magara,1975)、黏土矿物脱水(Freed and Peacor,1989)、烃类生成(Meissner,1976;Law and Dickinson,1985;Spencer,1987;杨智等,2008;何生等,2009;Guo et al.,2010)和构造挤压(Hubbert and Rubey,1959)等都是超压形成的重要因素。对于非挤压型盆地,压实不均衡和烃类生成是可以独立形成大规模超压两种主要机制。烃源岩生烃是高密度的干酪根转化成低密度的油和气的过程,由于密度差导致孔隙流体发生膨胀,在封闭条件比较好的情况下便形成超压。生烃作用能否成为超压主要成因机制取决于烃源岩有机质类型、丰度、成熟度及岩石封闭条件(Osborne and Swarbrick,1997)。烃类生成是有机质热演化的结果,有机质演化一般经历热降解和油气热裂解两个阶段,不同演化阶段对超压的贡献程度不一致。目前学术界对有机质裂解生气或原油裂解成气造成压力的急剧增加认识较为一致。Ungerer等(1983)计算表明Ⅱ型干酪根在镜质体反射率 R_o 达到 2% 时,生气引起的体积膨胀可达 50%～100%。尽管生烃增压一直被认为是一种非常重要的超压机制且是油气运移的主要动力,但目前对这种超压机制的研究还主要停留在定性描述阶段。定量恢复烃源岩中生烃作用形成的超压演化史是含油气盆地成藏动力学研究的重要组成部分。

六、随机尺度效应模型研究进展

地质统计学模型中基于点尺度(仅考虑点位)的统计量很可能会对油藏储量估计、提高采收率估计等方面产生错误的估计结果。大量的研究表明,测量数据的依赖尺度对数据及其衍生量具有重要影响,而这些尺度与计算的网格尺度也不尽相同,所以必须在地质统计学中考虑研究目标或油藏参数的依赖尺度对评估、模拟结果的影响。由此引入尺度效应这一概念,尺度效应在石油、采矿、环境等领域的空间数据分析与模拟过程中具有重要作用。

从本质上看,在地质统计学领域,尺度效应是对参数的概率分布函数或概率密度函数与研究尺度增减的关系进行研究,并建立相应的尺度效应模型进行定量研究。然而,由于地质条件的复杂性和研究手段的局限性,基本不可能得到地质参数的概率分布函数或概率密度函数的确切表达式,这就需要在建模的过程中弱化这种难以企及的要求,需要弱化数学约束或利用统计量的样本值随依赖尺度的变化规律来研究尺度效应。地质参数样品的频率直方图、变异函数是地质统计学中尺度效应研究中常用的研究对象,也就是说要研究采样尺度的增减对频率直方图形状和变异函数形状的影响,且为了简化建模研究,通常假设地质参数是高斯场。

尺度效应(Hyun,2002)是指定义在不同尺度集合上的空间变量及其衍生变量或函数随尺度变化发生的信息传递过程,即表示不同的研究尺度、研究目标、空间坐标。从这种意义上看,尺度效应在自然界中是广泛存在的。

在地质学和地球科学中,标度不变性是一种普遍现象,Turcotte(1989)总结了分形在地球科学中的一些应用,如用分形解释各种各样的破碎过程,研究矿的品位和吨位,以及地震的空间分布等。贺承祖和华明琪(1998)发现储层岩石在 0.2～50μm 的尺度具有良好的分形特征,并根据毛管压力曲线,计算了孔隙分形参数。张宸凯等(2007)应用分形理论研究了鄂尔多斯 MHM 油田低孔渗储层的孔隙结构、基于岩样的毛管压力分析数据，讨论了岩石结构的分形特征。研究表明，利用孔隙结构分形维数并结合其他孔隙特征参数，可以很好地反映出储层微观孔隙结构的复杂性，为研究储层空间关系结构微观非均质性提供了方便而有效的手段，为进一步的储层评价奠定了基础。在尺度转换方面，利用在不同尺度上分形维数保持恒定这一特点，可以利用分形维数来建立相应的尺度转换模型，利用分形理论建立储层参数的非均质模型已经出现了可借鉴的预测储层分布的研究结果。

近年来，针对随机尺度效应（随机分形），已经出现了一系列尺度效应模型来刻画、解释尺度相依现象（Lovejoy and Schertzer 1985，1995；Menabde et al.，1997；Deidda，2000；Veneziano et al.，2009）。正因为尺度现象表现出分形特性，所以采用幂律模型（线性-单分形、非线性-多分形）来刻画这种时/空变量的尺度效应成为必然选择。

第二章　沉积体系非均质性定量表征

不同沉积环境形成的砂体具有不同的特征,早期成岩作用也受沉积环境的影响,从而进一步影响成岩作用的类型、强度,对砂岩的孔隙演化起一定的控制作用。尽管成岩作用对储层砂体进行强烈的改造,但成岩作用是基于沉积作用对原始孔隙度进行改造,对大多数储层而言,储层的性质并没有本质上的改变。沉积环境依然是控制储层发育的主要因素。沉积非均质性具有尺度依赖性,不同尺度下的非均质性具有不同的特征。油气研究的最终目的就是做油气藏模拟从而进行资源评价。在油气藏模拟中,关键问题就是将小尺度的模型进行粗化,并保持油气藏物性和渗流特征尽可能相同。因此,在考虑计算机处理网格数的能力条件下,如何对不同尺度的沉积非均质性进行表征是油气藏研究的一个难点与热点。本次研究利用 Levy 地质统计学和 SEDSIM 三维地层正演模拟方法来解决这一问题。Levy 地质统计学能够对测井、岩心、露头和地震等地质资料反演获得研究盆地的非均质性特征和尺度参数,从而精细刻画沉积体系的非均质性。在基于地质统计学获得的参数结合区域性地质的认识上,通过 3D 层序地层正演模拟建立比较切合实际的高分辨率沉积体系模型,并结合盆地模拟进而可以预测致密油气藏分布。

第一节　沉积体系非均质性定量表征方法

沉积非均质性存在于自然界沉积体系的任何尺度中(Miall,1990;Liu et al.,2002)。从纳米、孔喉、岩心、露头、地震到盆地尺度,非均质性均有不同的特征(图 2-1)。砂体的发育主要受沉积环境的控制,不同沉积环境形成的砂体其特征各不相同,不同沉积过程决定了沉积体系的非均质性、自相似性程度及可粗化区间(Liu et al.,2002)。不同沉积体系的非均质性可以通过地质统计学和沉积模拟来定量表征。

一、Levy 函数原理

定义 $\phi(\theta)$ 为列维稳定分布的函数, $\mathrm{sign}(\theta)$ 为提取一个实数 θ 信号的逻辑函数,则 $\phi(\theta)$ 和 $\mathrm{sign}(\theta)$ 特征函数分别为

$$\phi(\theta) = \exp\left[-C^a\,|\theta|^a\left(1-\mathrm{i}B\mathrm{sign}(\theta)\tan\left(\frac{a\pi}{2}\right)\right)+\mathrm{i}\mu\theta\right] \tag{2-1}$$

$$\mathrm{sign}(\theta) = \begin{cases} -1, & \theta < 0 \\ 0, & \theta = 0 \\ 1, & \theta > 0 \end{cases} \tag{2-2}$$

式中, a 为列维指数,范围为 $(0,2)$; C 为在一个区间为 $(0,\infty)$ 的宽度或一个尺度参数,表示一个高斯分布的标准偏差; B 为一个偏态参数,范围为 $[-1,1]$;i 为复数的虚部; μ

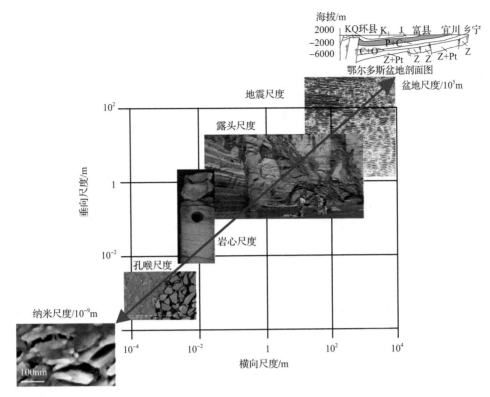

图 2-1 不同尺度的沉积非均质性

是改变参数。参数 C 可以表示为 $C = C_0 |H|^h$, C_0 为常数；H 为采样间隔；h 为该连续数据序列的赫斯特系数。

因此，当 $B = 0$ (Painter, 1995)时，Levy 稳定概率密度函数的傅里叶变换为

$$\phi(\theta) = \exp(-C^a|\theta|^a + i\mu\theta) \tag{2-3}$$

对式(2-3)进行傅里叶变换得到的 Levy 稳定概率密度函数(Samorodnitsky and Taqqu 1994, Liu et al., 2002)为

$$p(x) = \frac{1}{\pi}\int_0^\infty \exp(-|Ck|^a)\cos(kx)\mathrm{d}k \tag{2-4}$$

式中，k 为频率的参数。当 $a = 1$ 时，a 稳定分布与柯西分布相同；当 $a = 2$ 时，a 稳定分布符合高斯分布。

该方法与传统方法不同，其考虑了沉积环境对非均质性的控制作用，认为储层非均质性并不是完全服从高斯分布，高斯分布只是 Levy 分布的一种特殊分布特征。与高斯稳定分布相比，Levy 分布函数能够捕捉更多的地质信息，从而能够更真实地反映沉积非均质性。如图 2-2 所示，在对砂岩显微照片分析结果中，Levy 分布函数比高斯稳定分布更能反映原始砂岩显微照片中的信息。而且，Levy 函数使用 Levy 指数 a 可以有效地反映沉积非均质性的程度，指数 a 值越小，其非均质性程度越强，Levy 函数中的间隔参数 H 可以作为一个尺度参数反映沉积环境的自相似尺度区间。粗化指数为最大尺度值与最小

尺度值的比值,与沉积环境相关,不同的沉积环境具有不同的粗化指数值(Painter and Paterson,1994;Painter,1995,1996;Painter et al.,1997;Liu and Molz,1997;Liu et al.,2002;Molz et al.2004),从而避免了人为的解释与描述。

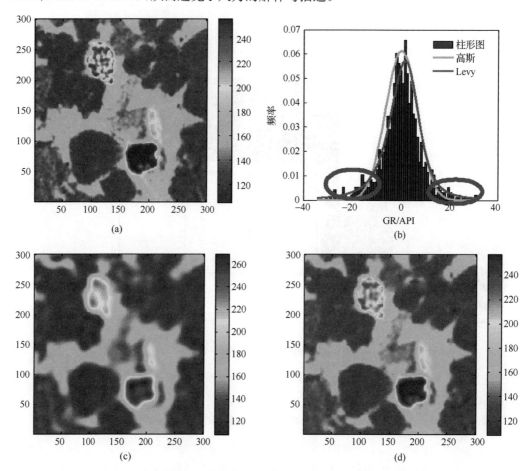

图 2-2 高斯分布与 Levy 分布对砂岩显微 CT 照片分析结果对比

(a) 原始砂岩显微 CT 照片;(b) 为图(a)的空间变化数据统计图,蓝色为柱形图,绿色为高斯分布曲线,红色为 Levy 分布曲线;(c) 基于高斯分布所得的 Kriging 图像;(d) 基于 Levy 分布所得的 Kriging 图像

二、SEDSIM 三维正演模拟原理

SEDSIM 是一款三维正演地层模拟软件,20 世纪 80 年代,美国斯坦福大学在一个由欧洲和美国几家石油公司组成的集团的资助下开始了对 SEDSIM 的研发(Tetzlaff and Harbaugh,1989;Griffiths,et al.,2001)。1994 年,该软件研发权转到阿德莱德大学,自 2000 年至今,由澳大利亚联邦科工业组织地球科学模拟研究组继续对该软件进行研发及完善。在此期间,SEDSIM 发生了显著的变化,其功能被更加细化并扩展至包括更全面的地质过程。

SEDSIM 的核心功能为模拟流体运动和沉积物搬运过程,其模块包括:构造沉降、海平面变化、波浪作用、压实、地壳均衡、斜坡滑塌、风成沉积、有机相分布及碳酸盐岩沉积。将来 SEDSIM 的功能还将扩展包括孔隙-流体运动、成岩作用及汇集与剥蚀作用。该软件的流程图主要为四步重复的步骤,主要包括概念模型、输入参数、在模拟过程中对参数的调整及与现有资料的对比(图 2-3)。

SEDSIM 的运行有一个输入文件控制,该文件对每个网格单元在时间插值内的水平面变化、初始地形/水深、构造运动、潮汐、波浪、潮流、风、温度和盐度进行描述。

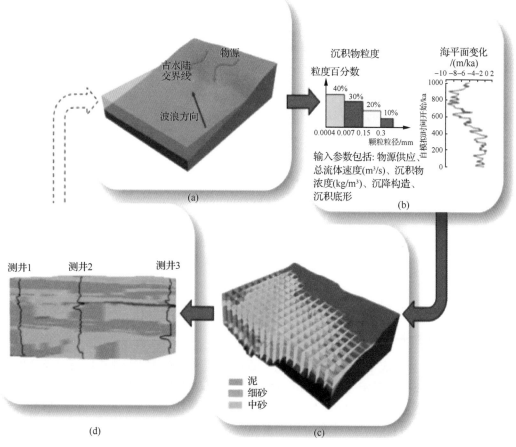

图 2-3 SEDSIM 模拟流程图

(a)概念模型;(b)输入参数;(c)模拟过程;(d)模型调试与校正;ka. 千年

SEDSIM 主要以流体动力学方程(Navier-Stokes equations)为核心,并使用网格标记方法(Tetzlaff and Harbaugh,1989),该方法结合了欧拉方程和拉格朗日方程的优点,克服了流体动力学方程和连续方程的数值全解所引起的困难,从而使 SEDSIM 实现了对不同尺度范围内的构造沉降、海平面变化、波浪搬运、压实、剥蚀等地质过程的模拟。其连续方程结合物质守恒得到的方程(Tetzlaff and Harbaugh,1989)为

$$\frac{\partial \rho}{\partial t} + \boldsymbol{\nabla} \cdot \rho \boldsymbol{q} = 0 \tag{2-5}$$

式中，ρ 为流体密度；t 为时间；q 为流体运动向量。流体动量方程则为

$$\rho\left[\frac{\partial q}{\partial t} + (q \cdot \nabla)q\right] = -\nabla p + \nabla \mu U + \rho(g + \Omega q) \tag{2-6}$$

式中，P 为压力；μ 为流体黏性；U 为流体动力张量；Ω 为科里奥利张量。假设，在温度恒定条件下，同介质的流体具有不能压缩的性质，则流体密度 ρ 与流体黏性 μ 均可设为常量。由于科里奥利加速度 Ωq 很小，其对流体的影响可以忽略，即 $\Omega q = 0$。式(2-5)与式(2-6)可以简化为

$$\nabla \cdot q = 0 \tag{2-7}$$

$$\frac{\partial q}{\partial t} + (q \cdot \nabla)q = -\nabla \Phi + \nu \nabla^2 q + g \tag{2-8}$$

式中，Φ 为压力与流体密度的比值，$\Phi = p/\rho$；ν 为运动黏度，$\nu = \mu/\rho$。在开放河道中，底部摩擦力与流体平均速率的平方成比例关系：$a = -c_1 \dfrac{Q|Q|}{h}$，c_1 为摩擦系数，Q 为流体平均速率，h 为流体深度。假设流体平均速率 Q 为常量，考虑底部摩擦力的作用，则流体方程可以写为

$$\frac{\partial Q}{\partial t} + (Q \cdot \nabla)Q = -g\nabla H + \frac{c_2}{\rho}\nabla^2 Q - c_1 \frac{Q|Q|}{h} \tag{2-9}$$

经过拉格朗日变换，式(2-9)简化为

$$\frac{\mathrm{d}Q}{\mathrm{d}t} = -g\nabla H + \frac{c_2}{\rho}\nabla^2 Q - c_1 \frac{Q|Q|}{h} \tag{2-10}$$

式中，H 为水平面高程，由于地形高程产生的加速度为 $-g\nabla H$；c_2 为剪切力摩擦系数；$\dfrac{c_2}{\rho}\nabla^2 Q$ 则表示流体扩散因子。

这些流体方程构成了 SEDSIM 的核心，使其可以计算单位时间内流体流过每个网格的速率，从而可以统计规定时间内的沉积物体积。SEDSIM 三维正演地层模拟软件包含多个模块，如沉积物搬运沉积、构造沉降、风暴作用、波浪作用和碳酸盐岩沉积过程等，这些模块可以单独运行，也可以综合运用来模拟复杂的地质过程（Tetzlaff and Harbaugh，1989；Griffiths et al.，2001；Liang et al.，2005；Li et al.，2007；Salles et al.，2010；Huang et al.，2012）。该软件主要受多种变量参数控制，如相对水平面曲线或基准面变化曲线、盆地初始形态、构造沉降、沉积物搬运速度等。由于 SEDSIM 不仅可以很好地模拟碎屑岩及碳酸岩混合沉积物充填沉积盆地的过程，而且其模拟结果能够从三维空间上很好地表现出沉积体的形态特征和分布规律，因此，早在 20 世纪 90 年代，SEDSIM 就被广泛应用于油气勘探预测中（Griffiths et al.，2001）。

第二节 鄂尔多斯盆地延长组(长8段—长6段) 沉积非均质性特征

鄂尔多斯盆地长8段为现今重点勘探与开发的含油层系,属于浅水三角洲沉积体系(傅强和李益,2006;蔺宏斌等,2008;李相博等,2010;刘化清等,2011;刘自亮等,2013;杨华等,2013;朱筱敏等,2013)。通过对鄱阳湖现代浅水三角洲沉积体系非均质性模拟发现,浅水三角洲沉积体系的发育是湖盆地形、湖平面变化、物源供给等多因素作用的综合结果。同时,由于水体较浅、沉积底型坡度平坦、基准面变化频繁,三角洲前缘发育的砂体基本以席状砂为主,并主要分布于湖区敞流通道附近。上述的研究结果表明,层序地层正演模拟技术能够有效地恢复浅水三角洲沉积体系的演化过程及表征沉积非均质性。

与鄱阳湖盆地相比,鄂尔多斯盆地面积大,约为鄱阳湖盆地面积的3倍,但是这两个盆地具有很多相似之处,如多物源供给、湖盆底部地形平坦、构造相对稳定及水体较浅等。因此,本节主要采用Levy地质统计学对鄂尔多斯盆地长8段的测井资料进行分析,获得盆地的非均质性特征和尺度参数,从而精细刻画沉积体系的非均质性。在此基础上,结合层序地层正演模拟技术恢复鄂尔多斯盆地长8段沉积体系的演化过程,建立较切合实际的高分辨率沉积体系模型,从而精细刻画鄂尔多斯盆地长8段沉积体系的非均质性。

一、自相似性参数分析

一些学者认为,测井数据和储层非均质性并不是完全服从高斯分布,而是更符合Levy分布函数的统计特征。在对储层非均质性进行Levy分布时,与地质实况相结合,重点考虑了沉积环境对非均质性的控制作用,从而避免了高斯稳定分布,因而能够对地质模型中的自然累计描述得更准确(Painter and Paterson,1994;Painter,1995,1996;Painter et al.,1997)。

(一)Levy 指数 a

Levy 指数 a 可以有效地反映沉积非均质性的程度,指数 a 值越小,其非均质性程度越强(Painter and Paternson,1994;Painter,1995,1996;Painter et al.,1997;Liu et al.,2002;Liu and Molz,1997;Molz et al. 2004)。研究选取了鄂尔多斯盆地中的木30井、木16井、镇146井、演46井、里52井和环54井进行详细的自相似性参数分析。前人的研究成果指出,鄂尔多斯盆地延长组(长8段—长6段)主要为三角洲和湖相沉积环境(傅强和李益,2006;蔺宏斌等,2008;李相博等,2010;刘化清等,2011;刘自亮等,2013;杨华等,2013;朱筱敏等,2013)。对木30井详细(主要是分析泥岩含量曲线)分析表明(图2-4),三角洲沉积环境主要发育于长8段与长7段底部(2737~2586m),泥岩含量占大约40%~60%,岩性主要为炭质泥岩、粉砂岩、粉细砂岩和中细砂岩,其中部分细-中砂岩含炭屑。该沉积环境的 Levy 指数 a 为1.45。

湖相沉积环境主要发育于长7段中上部与长6段,2586~2440m,泥岩含量大约占50%~70%,岩性主要为黑色泥岩、粉砂岩、粉细砂岩。该沉积环境的 Levy 指数 a 为1.60。

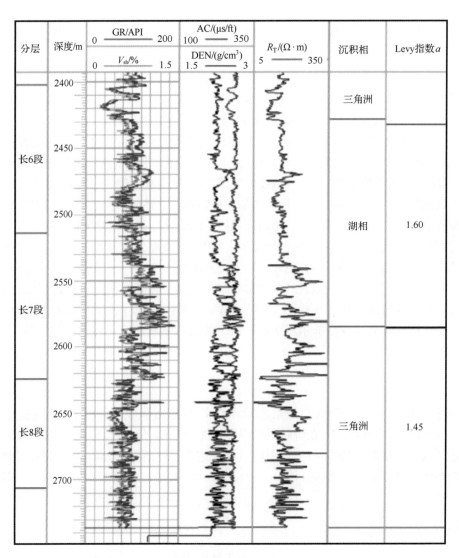

图 2-4 木 30 测井曲线的沉积相与 Levy 指数 a 分析

$1ft=3.048\times10^{-1}m$

（二）Levy 间隔参数 H

Levy 函数中的间隔参数 H 可以作为一个尺度参数反映沉积环境的自相似尺度区间，粗化指数为最大尺度值与最小尺度值的比值，与沉积环境相关，不同的沉积环境具有不同的粗化指数值。自相似尺度区间在 Levy 函数中反映的是尺度参数 C 与间隔距离 H 的近似线性关系，因此可以从尺度参数 C 与间隔距离 H 的关系图直接得出，其中尺度参数 C 取以 10 为底的对数（Painter and Paterson，1994）。图 2-5 给出了图 2-4 三角洲和湖相沉积环境的自相似尺度区间。在木 30 测井泥岩含量曲线中的三角洲和湖相沉积环境中，其自相似尺度区间约分别为 0.24～1.80m 和 0.24～3.50m；粗化指数分别为 8 和 25。

其他各井的 Levy 指数 a 和 Levy 间隔参数 H 如表 2-1 所示,三角洲相比湖相有更强的非均质性(近三倍)(表 2-2)。

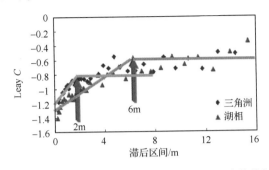

图 2-5 木 30 测井泥岩含量曲线的自相似性参数分析

表 2-1 不同测井的 Levy 地质统计学参数

测井名	测井类型	沉积环境	Levy 指数 a	自相似尺度区间/m	粗化指数
木 30	V_{sh}	三角洲	1.45	0.24~2.0	8
木 16	V_{sh}	三角洲	1.27	0.24~1.11	5
镇 146	V_{sh}	三角洲	1.57	0.25~1.78	7
演 46	V_{sh}	三角洲	1.39	0.24~1.91	8
里 52	V_{sh}	三角洲	1.39	0.24~1.42	6
环 54	V_{sh}	三角洲	1.34	0.26~1.72	7
木 30	V_{sh}	湖相	1.60	0.24~6.0	25
木 16	V_{sh}	湖相	1.50	0.24~4.15	17
镇 146	V_{sh}	湖相	1.63	0.25~4.51	18
里 52	V_{sh}	湖相	1.44	0.24~3.5	15

表 2-2 不同沉积体系的 Levy 地质统计学参数

沉积环境	Levy 指数 a	自相似尺度区间/m	粗化指数	盆地
三角洲	1.40+0.13	0.24~2.0	8	鄂尔多斯
湖相	1.54+0.1	0.24~6.0	25	

二、鄂尔多斯盆地长 8 段—长 6 段层序地层正演模拟

(一)鄂尔多斯盆地概念模型

晚三叠世鄂尔多斯盆地为克拉通基底上的大型内陆淡水坳陷湖盆(胡见义和黄第藩,1991)。盆地东面以吕梁山为界,西到贺兰山和六盘山,北起阴山、大青山、狼山,南至秦岭,面积约为 $37 \times 10^4 \text{km}^2$(赵振宇等,2012),构造单元包括伊盟隆起、渭北隆起、晋西挠褶带、伊陕斜坡、天环坳陷、西缘冲断带等 6 个一级构造单元(图 2-6)。延长组沉积时期为卡尼阶至瑞替阶,盆地主要经历了从形成、发展、鼎盛、萎缩到消亡的整个演化过程,沉积厚度达 1300 多米(武富礼等,2004;李元昊等,2007;Zou et al.,2010)。根据沉积特征,延长组自下而上划分为 10 个油层组(自下而上分别为长 10 段、长 9 段、……、长 1 段油层组)

（Zou et al.，2010），各油层组之间为整合接触（杨华等，2013），其中长8段的沉积厚度范围约为70～100m[图2-6(b)]。

延长组沉积期间共发生两期大规模的湖泛[图2-6(b)]；分别在长9段晚期和长7段早期。位于湖泛期间的长8段油层组经历了一个完整的湖退-湖进的旋回[图2-6(b)]（李元昊等，2007；Zou et al.，2010；刘化清等，2011；楚美娟等，2012；杨华等，2013）。因此，根据湖平面变化，长8段从底部往上可进一步划分为长8²段与长8¹段。在长8段沉积时期（231～228.2Ma①）（杨华等，2013），盆地内部构造运动不明显，盆地整体以沉降为主，沉降幅度较小，约25～35.7m/Ma（李元昊等，2007；赵振宇等，2012）；盆地面积大、地形平缓开阔、坡度小于0.1°[图2-6(c)；刘化清等，2011]；水体浅，湖面升降影响范围可达100～

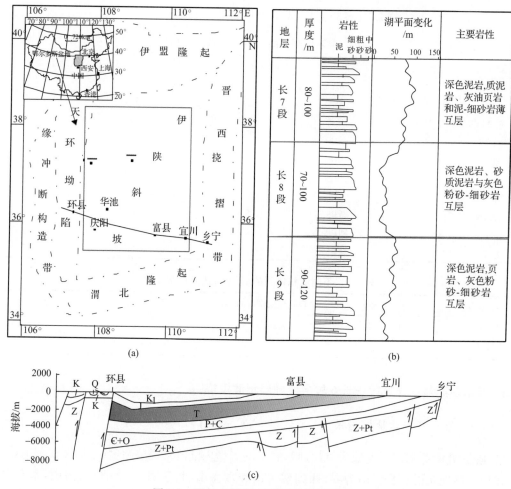

(a)

(b)

(c)

图2-6 鄂尔多斯盆地延长组地质特征图

（a）研究区位置图，红色框表示研究区，黑色曲线表示剖面位置；（b）地层柱状图（Zou et al.，2010，有修改）；
（c）鄂尔多斯盆地剖面图

① Ma表示百万年。

130km(李元昊等,2007),气候潮湿与干旱呈周期性变化(朱筱敏等,2013),主要发育浅水湖泊-三角洲沉积(李元昊等,2007;Zou et al.,2010;刘化清等,2011;朱筱敏等,2013;杨华等,2013)。晚三叠世时期,由于周缘发育的伊盟隆起、渭北隆起、晋西挠褶带和西缘冲断带等多个古陆向盆地供应沉积物,因此,鄂尔多斯盆地具有多物源、多水系注入的特征。露头剖面的古流向测定与重矿物组合等分析表明,长8段沉积时期物源区变化不大,主要来自东北和西南方向,西北和西部为次物源区(闫小雄 2001;曹红霞,2008;杨华等,2012a;2013)。

综上所述,长8段沉积时期鄂尔多斯盆地概念模型主要具有以下特征:①盆地内部构造运动相对稳定(赵振宇等,2012),主要以沉降为主(李元昊等,2007;赵振宇等,2012);②盆地内部地形十分平坦,坡度小于0.1°(李元昊等,2007;刘化清等,2011);③沉积地层格架主要受到沉积物多源供应和湖平面的变化控制(杨华等,2012a;2013;朱筱敏等,2013)。

(二) 与现代鄱阳湖三角洲类比

许多学者应用"将今论古"的方法,研究现代湖泊三角洲沉积体系,籍以提高识别古代沉积环境的能力,从而指导油气探勘工作(Fisk et al.,1954;Fisk and Mcfarlan,1955;Postma,1990;Overeem et al.,2003;Lang et al.,2004,2006;Krooeneberg et al.,2005;Olariu and Bhattacharya,2006;Fisher et al.,2007)。鄱阳湖主要接纳五大河流如赣江、抚河、信江、饶河、修水的沉积物注入,湖底平坦,湖水较浅,平均深度约为8.4m(邹才能等,2008),盆地内构造运动不明显,主要以沉积物沉积作用为主(朱海虹等,1981;马逸麟和危泉香,2002),是典型的浅水三角洲沉积。尽管鄱阳湖盆地的面积仅为鄂尔多斯盆地面积的1/3,但是这两个盆地具有很多的相似性,如多物源供给、湖盆底部地形平坦、构造相对稳定及水体较浅等。因此,本次研究主要有两个目的:首先是检验SEDSIM能否有效地模拟现代浅水三角洲的沉积过程;其次,一旦SEDSIM模拟结果的有效性被证实,则可应用SEDSIM重建鄂尔多斯盆地长8段的沉积模型,并进一步对长8段有效储集岩的空间分布进行预测。

(三) 鄱阳湖三角洲模拟输入参数

模拟中所需的数据主要来源于USGS数据库以及公开发表的文献。以下部分将详细介绍SEDSIM模拟中所需的输入数据及所涉及的独立数据。

沉积物及物源:鄱阳湖的沉积物源主要来自赣江、抚河、信江、饶河、修水等五大河流,经湖口注入长江(图2-7)。朱海虹等(1981)根据地层对比及生物分析指出,以赣江和修水为物源的三角洲大约发育于1200年前,以抚河、信江和饶河为物源的三角洲则约发育于800年前,发育相对较晚,沉积物主要以中、细砂及粉砂为主,泥质较少。五大河流多年来的平均每年吞吐水量约为1480亿 m³,其中赣江水量占入湖总水量的44%,约为黄河水量的4倍。赣江含沙量较低,约为0.17kg/m³,仅为黄河含沙量的4.5%,长江含沙量的74%。根据该区河流的径流量和沉积物特征设置SEDSIM的输入参数,在参数转化过程中粒度级别分别为粗粒 (0.28mm)、中粒 (0.15mm)、细粒(0.03mm)和泥

（0.0003mm），沉积物密度分别为 2650kg/m³、2600kg/m³、2600kg/m³ 和 2550kg/m³（Gibbs et al.，1971）。其他相关的参数如表 2-3 所示。

表 2-3　SEDSIM 输入参数表

SEDSIM 命令	输入数据
模拟时间	从 1200 年前至今，时间插值为 5 年
网格尺度	分辨率为 1000m，网格数为 182×164
流体密度	输入河流的流体密度为－1000kg/m³，海水密度为－1027kg/m³
斜坡角度	四种沉积物颗粒水下最大角度的正切值为 0.0005、0.00021、0.0002 和 0.0001，最小角度为 0.0001（0.0057），时间插值为 1 年
流体物源	流体元素释放时间插值为 1 年，流体速度、沉积物浓度、流体高度及初始沉积物组分百分含量分别在输入文件中

地形或水深表面：鄱阳湖三角洲沉积期间，构造运动不明显，主要以沉积物沉积作用为主（朱海虹等，1981；马逸麟和危泉香，2002），三角洲沉积厚度一般为 3～7m，三角洲沉积前的地形高差相差不大，一般为 2～5m（张春生和陈庆松，1996）。由于现今数字高程数据（下载于 USGS 数据库）并不是模拟中的初始沉积地形（自过去的 1200 年至今），因此结合测井资料，使用地层回剥法恢复湖盆沉积底型。整个研究区为横向网格分辨率为 1000m 的 182×164 正方形网格（图 2-7）。

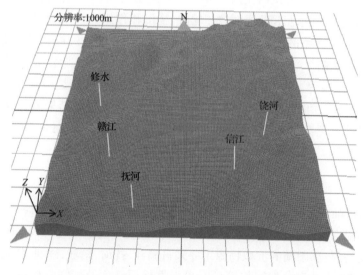

图 2-7　SEDSIM 输入的初始沉积地形及来自五大河流的物源位置

湖平面变化：湖泊水位的变化是湖泊重要的水文特征，它不仅影响水体的深浅、湖面积和容积的大小，而且是影响沉积可容纳空间变化的主控因素。鄱阳湖水位的变化在长时期内主要受古气候的影响。由于鄱阳湖北部与长江相连，其水位尤其退水水位主要受江湖关系控制，长江水的倒灌对鄱阳湖的形成与演化起了重要作用（胡春华，1999；Shankman et al.，2006）。胡春华（1999）指出，约在 2360 年前（before present，BP）长江南摆至今湖口附近,首次发生江水倒灌鄱阳湖盆地;历史时期的江水倒灌强度可划分3个阶段:2360年前～1550年前,倒灌强度弱于现今倒灌强度;1550年前～880年前,波状递增时期,增至整个历史时期的最大值;880年前至今为强烈振荡时期,具有6个完整的周期,周期约为115年(图2-8)。

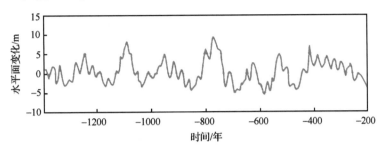

图 2-8　湖平面变化(胡春华,1999;郭华等,2011,有修改)

（四）鄱阳湖三角洲模拟结果

通过对鄱阳湖浅水三角洲 SEDSIM 数值模拟发现,在平面上的湖平面下降阶段,湖盆收缩面积相对较小,沉积水体浅;在三角洲平原上,分流河道的下切能力增强,对废弃的浅水三角洲朵叶体进行重新改造或由决口等方式产生新的朵叶体向湖进积,三角洲前缘向盆地中央延伸距离较远。在湖平面上升阶段,当浅水型三角洲部分朵叶体退积速度低于湖平面上升速度时,三角洲朵叶体废弃,沉积物主要向岸溯源沉积;当部分朵叶体退积速度大于湖平面上升速度时,在三角洲前缘发育末端决口扇系统,与澳大利亚艾尔湖三角洲前缘发育的末端决口扇很相似(图2-9;Lang et al.,2004;2006;Fisher et al.,2007;Zou et al.,2010)。不同时期的湖平面升降变化使得这些三角洲朵叶体相互叠置,向湖盆迅速推进,侧向相互拼贴,从而形成多期的复合河流-三角洲体系(图2-9)。此外,在剖面上,自物源方向随着横向距离的增加,沉积厚度逐渐地变薄。近源处主要以湖平面上升时期的分流河道沉积为主,湖盆中心远源处主要以湖平面下降时期所形成的地层为主,而处于中间的地区则保存了湖平面上升和下降时期较为对称的地层(图2-9)。

（五）观察与模拟结果比较

在模拟结果与野外观察的结果比较中,主要进行以下两方面的比较:平面形态和垂向地层厚度。

在平面形态比较中可以看出,本次模拟结果形成的三角洲沉积体系在位置和形状上与实际数据非常吻合,如在模拟结果中,赣江三角洲的形态为扇形朵体,延伸长度约为56.5km[图2-9(e)],实际中的赣江三角洲具有相同的扇形朵体,其延伸长度约55.4km(Zou et al.,2010)。马逸麟和危泉香(2002)根据遥感信息分析发现,自1973年至2001年期间,赣江三角洲淤涨总面积约为26.6km²,以0.95km²的年平均淤速向湖心扩展。在模拟结果中,自1975～2000年,赣江三角洲淤涨总面积约21km²,年平均淤涨速率约为0.84km²。

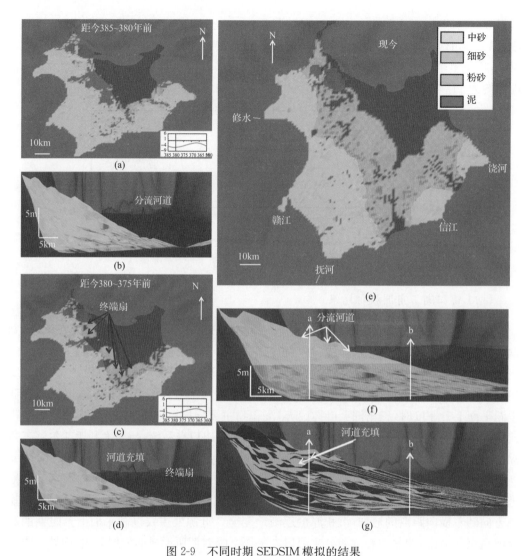

图 2-9 不同时期 SEDSIM 模拟的结果

(a)、(b)、(c)、(d)、(f)为不同时期的岩性图；(e)中的红直线为剖面位置,白点为 a、b 和 c 三口模拟井的位置；

(g)为假地震剖面,蓝色为湖面

通过测井地层厚度与模拟结果中所得的厚度对比结果发现,该模拟结果的厚度与测井资料中的地层厚度数据相差不大。在模拟结果中,在赣江三角洲地区入湖口处附近的地层厚度较厚,如 W09 与 ZK1-4 井厚度分别为 6.51m 和 5.35m(图 2-10),实际测井厚度分别约为 5～7m(张春生和陈庆松,1996);在入湖口处较远的地层厚度相对较薄,如 ZK1-2 井厚度约为 3.38m(图 2-10),实际测井厚度约为 3～4m(朱海虹等,1981;马逸麟和危泉香,2002)。

不管是平面形态观察还是测井地层厚度对比,模拟结果中得到的沉积中心、沉积体几何形态、沉积厚度等数据均与实际数据具有很高的吻合度。这不仅表明 SEDSIM 正演地层模拟软件在已知参数的条件下可以实现对浅水三角洲沉积体系形成过程的模拟,同时也表明该软件模拟得出的结果能够在很大程度上更直观地反映自然界的复杂地质过程。

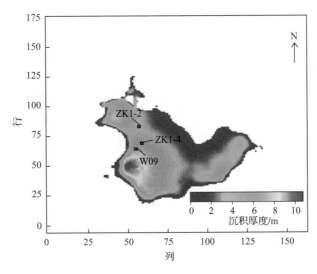

图 2-10　鄱阳湖三角洲在过去 1200 年的沉积厚度分布图

黑色方格为测井的位置，W09 井、ZK1-4 井与 ZK1-2 井模拟厚度分别为 6.51m、5.35m 和 3.38m

（六）鄂尔多斯盆地长 8 段—长 6 段模拟

1. 输入参数

长 8 段—长 6 段为鄂尔多斯盆地延长组主要的产油层，公开发表的油田的数据较为丰富。本次 SEDSIM 模拟中所需要的数据主要有不同沉积物的粒度、沉积物源、沉积底形、构造沉降、湖平面变化和孔隙度数据等。下面将对所涉及的参数进行详细说明。

沉积物：前人根据岩心资料研究指出，在盆地中西部的姬塬地区，砂岩粒度以细砂岩为主，其次为粉细砂岩和泥岩等（韩永林等，2009；王昌勇等，2010；邓贵文等，2012）。本次研究对 23 口井进行岩心观察，其中以位于西南部的陇东地区的木 31 井和木 51 井为例进行详细分析。对木 30 井长 8 段取岩心发现，砂岩粒度以细砂岩为主，其次为粉细砂岩和泥岩等；长 7 段主要为粉细砂岩和泥岩；对木 51 井长 6 段取心可以看到，长 6 段主要的砂岩粒度是细砂岩，其次为粉细砂岩和泥岩等。根据沉积物粒度分布特征设置 SEDSIM 输入参数，在参数转化中沉积物粒度分别为细粒（0.28mm）、粉细粒（0.13mm）和泥（0.001mm），沉积物密度分别为 2600kg/m³、2600kg/m³ 和 2550kg/m³（表 2-4；Gibbs et al.，1971）。

表 2-4　三种沉积物粒度参数

参数	细砂	粉砂	泥
粒径/mm	0.15	0.08	0.001
密度/(kg/m³)	2600	2600	2550

沉积物源：根据露头剖面的古流向测定与重矿物组合等分析表明，长 8 段沉积期间，物源主要来自东北、西北、西部和西南四大方向。其中，以东北和西南方向为主要物源区，西北和西部方向为次物源区（闫小雄，2001；曹红霞，2008；杨华等，2012a；2013）。图 2-11

表示在 SEDSIM 模拟中所定义各个物源的位置。

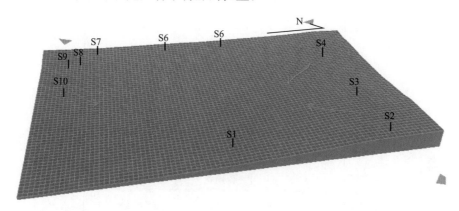

图 2-11   SEDSIM 输入的初始沉积地形、来自四大方向的物源位置

沉积底形：由于研究区缺乏三维地震资料，沉积底形主要通过沉积相图所反映的古水深图恢复。在本次研究中，长 8 段沉积前的沉积底形主要根据长 9 段的沉积环境（杨华等，2012a）来恢复。长 9 段沉积时期的盆地北部地势较高，主要发育冲积扇-河流沉积；南部地势较低，主要发育三角洲-湖相沉积；东部与西部发育三角洲沉积。湖相主要分布于东南部，水深约为 60m。整个古湖盆地形较为平坦，坡降小于 0.1°[图 2-6（c）；刘化清等，2011]。底形图横向网格分辨率为 5000m，共 60×92，模拟面积为 295km×455km（图 2-11）。

构造沉降：长 8 段沉积期间，研究区构造运动不活跃，盆地整体以沉降为主，沉降速率约 25～35.7m/Ma（李元昊等，2007；赵振宇等，2012）。因此，构造沉降速率的恢复主要是根据测井资料和地层等厚图（刘化清等，2011）等资料进行地层回剥法得到。在沉积模拟过程中使用测井数据对这些沉降速率数据进行修正。

湖平面变化：湖平面变化是控制浅水三角洲发育的重要因素之一（Donaldon，1974；Postma，1990；朱伟林等，2008；邹才能等，2008，2009；朱筱敏等，2013）。由于盆地内构造运动相对稳定，地形平坦，湖面升降影响范围可达 100～130km（李元昊等，2007）。湖平面变化曲线主要是结合岩性与沉积地层的旋回特征所恢复，主要反映气候对浅水三角洲沉积的控制作用（Zou et al.，2010）。在 Zou et al.（2010）的湖平面变化曲线中，主要反映在三级层序下长 8 段沉积时期的湖退-湖进的较为完整的旋回，时间约为 2.8Ma（杨华等，2013）。在此基础上，根据米兰科维奇旋回的频率对原有的湖平面变化曲线进行重新采样，得到高频的湖平面变化曲线，其频率为 40ka。

孔隙度变化表：孔隙度变化速率与上覆岩层应力有关。根据收集的 1212 块岩心数据，孔隙度变化速率与深度的关系如图 2-12 所示。该研究区属于致密砂岩储层，总体上孔隙度较小，约 2%～18%。

压实作用：SEDSIM 能够通过计算不同沉积物粒度在不同的上覆地层压力下所得到的孔隙度变化速率来模拟沉积压实和沉积后压实作用。本次研究的沉积后压实作用主要由长 8 段地层顶部的埋深深度计算所得。根据测井资料统计，长 8 段的埋深约为 2km。需要指出的是，在本次模拟中不模拟因胶结作用所引起的孔隙度变化。

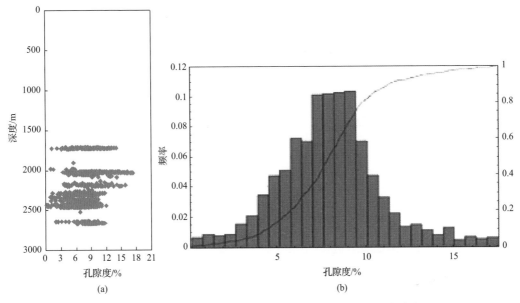

图 2-12 鄂尔多斯盆地长 8 段岩心孔隙度分布及孔隙度概率分布图

（a）为鄂尔多斯盆地长 8 段岩心孔隙度分布图；（b）为鄂尔多斯盆地长 8 段岩心孔隙度概率分布

2. 模拟结果与对比

在鄂尔多斯盆地长 8 段—长 6 段的三维地层正演模拟结果中,对随机抽取的垂向测井地层厚度与实际测井地层厚度对比中发现,沉积厚度预测误差值范围为 $-10.5\%\sim$ 10.2%,精度达到了 90%(图 2-13～图 2-15)。同时,对四个物源方向沉积供给量统计发现,长 8 段—长 6 段沉积期间,物源主要以东北和西南方向为主,其沉积量达到了 68%(图 2-16),这与前人的研究结果一致(闫小雄,2001;曹红霞,2008;杨华等,2012b;2013)。

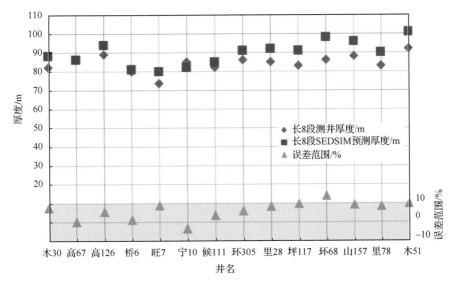

图 2-13 SEDSIM 预测长 8 段地层厚度与实际地层厚度对比

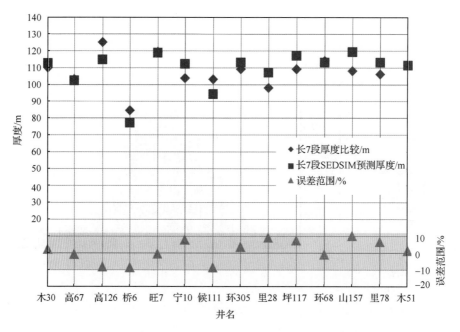

图 2-14　SEDSIM 预测长 7 段地层厚度与实际地层厚度对比

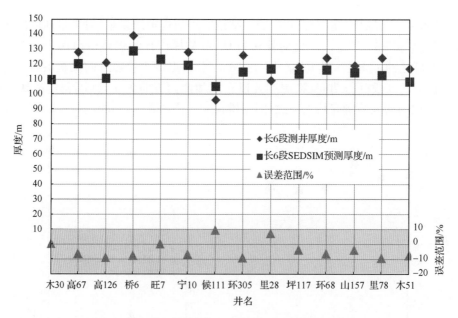

图 2-15　SEDSIM 预测长 6 段地层厚度与实际地层厚度对比

通过对垂向地层对比发现,木 30 井长 8 段除了地层厚度相差不大外(实测为 82m,预测为 81.86m),预测得到的岩性特征与原泥岩含量曲线(V_{sh})的自下往上的变化趋势具有较高的吻合性,其吻合程度达到了 85%(图 2-17,图 2-18),而取心段(深度为 2665~2635m)的岩性基本吻合。从图 2-19 可以看到,在相同深度下,预测得到的孔隙度值基本

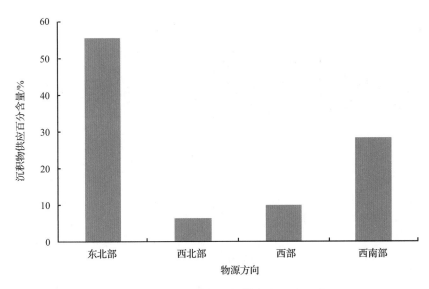

图 2-16 四大物源沉积物供应含量对比图

落到了岩心孔隙度范围值(2%~14%)内。木 51 井长 8 段—长 6 段总的地层厚度基本吻合(实测为 319m,预测为 310.5m)。预测得到的岩性特征与原泥岩含量曲线(V_{sh})的自下往上的变化趋势具有较高的吻合性,其吻合程度达到了 90%(图 2-20),取心段(深度为 2122~2059m)的岩性基本吻合。

此外,从以上两口典型井分析得出,自下往上,预测的孔隙度曲线显然比实测的孔隙度曲线更具非均质性。这可能是由于在模拟过程中使用岩心孔隙度与深度关系曲线对模拟结果进行校正,而不是使用测井孔隙度曲线。同时也可以看到岩心孔隙度数据以同样的方式偏离测井孔隙度曲线,这也表明了岩石物性响应的测井孔隙度曲线不能完全地反映出基质成分的转变。

不管是测井地层厚度、泥岩含量还是孔隙度变化对比,模拟结果中得到数据均与实际数据具有很高的吻合度。这不仅表明了 SEDSIM 正演地层模拟软件在已知参数的条件下可以实现对浅水三角洲沉积体系形成过程的模拟,同时也表明了该软件模拟得出的结果能够在很大程度上更直观地反映自然界的复杂地质过程。

(七)长 8 段—长 6 段有效储层预测(尺度—5km)

1. 全盆地长 8 段有效储层预测

鄂尔多斯盆地长 7 段泥岩为区域优质烃源岩(张文正等,2008;Zou et al.,2010),为延长组各段储层提供了丰富的油气。由于长 7 段厚度大,约 80~100m,分布于全盆地,欠压实强烈,泥岩排替压力高,从而成为长 8 段储集层的有效盖层。目前长庆油田在西南、西北地区均发现了长 8 段的大型岩性油气藏,如西峰油田、马岭油田等(马春林等,2012;陈凯等,2012)。然而,对于整个湖盆长 8 段油层来说,还存在巨大的潜在勘探潜力。

以流体动力学方程为核心的 SEDSIM 能够根据不同的地质参数记录每个时间插值单个网格中的沉积物厚度,并根据不同沉积物颗粒粒径统计沉积物的分选性和纯度,从而

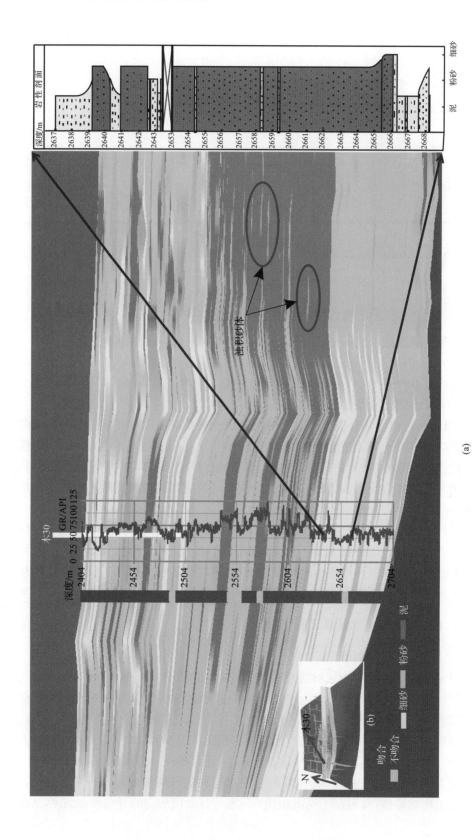

图 2-17　实际木 30 井长 8 段—长 6 段泥岩含量曲线（V_{sh}）与 SEDSIM 预测的岩性特征对比

(a) 岩性特征对比；(b) 木 30 井的位置；曲线为泥岩含量曲线

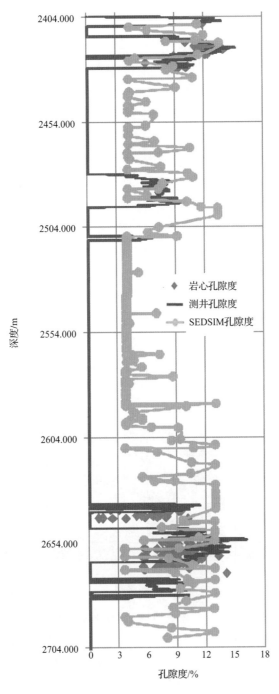

图 2-18 实际木 30 井长 8 段—长 6 段孔隙度与 SEDSIM 预测的孔隙度对比

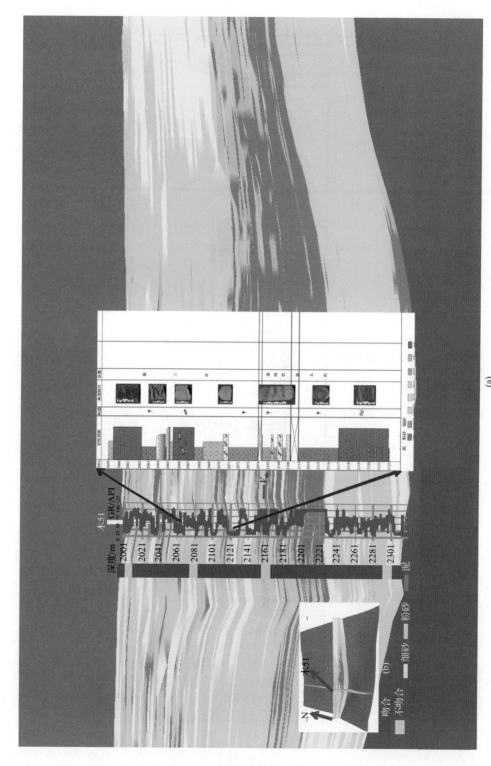

图 2-19 实际木 51 井长 8 段—长 6 段泥岩含量曲线（V_{sh}）与 SEDSIM 预测的岩性特征对比

(a) 岩性特征对比；(b) 木 51 井的位置；曲线为泥岩含量曲线

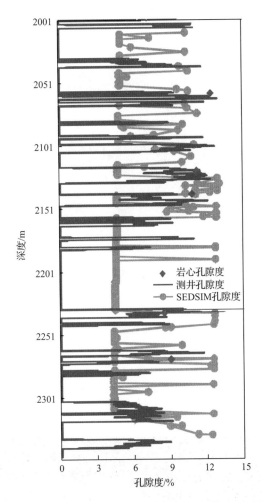

图 2-20 实际木 51 井长 8 段—长 6 段孔隙度与 SEDSIM 预测的孔隙度对比

得出沉积物的原始孔隙度。最后,原始孔隙度需要根据不同岩性在不同深度的上覆地层的压实作用进行压实系数转换计算,最终得到压实作用后的孔隙度。

在平面上,随着三角洲扇形朵体不断地向湖进积,整个鄂尔多斯盆地周缘三角洲沉积体系自物源处至湖盆方向的岩性主要为中粒砂、细粒砂和泥质粉砂岩沉积,砂岩含量自近源向远源逐渐减少[图 2-21(a)]。沉积物纯度则呈带状分布,三角洲平原与前三角洲沉积物纯度相对较高,数值可达到 1,即三角洲平原主要以砂体为主,前三角洲主要以泥岩为主;而三角洲前缘沉积物纯度相对较低,数值范围为 0.4～0.8,主要以砂泥混合沉积为主[图 2-21(b)]。自三角洲平原至前三角洲方向,压实后的孔隙度具有由高变低的特征[图 2-21(c)],数值范围为 3%～14%。

在 SEDSIM 结果中,初步预测有利储层主要分布于三角洲前缘砂体(图 2-22)。然而由于分辨率是 5km,该结果需要对局部区域进行网格加密模拟,以期得到更为准确的结果。

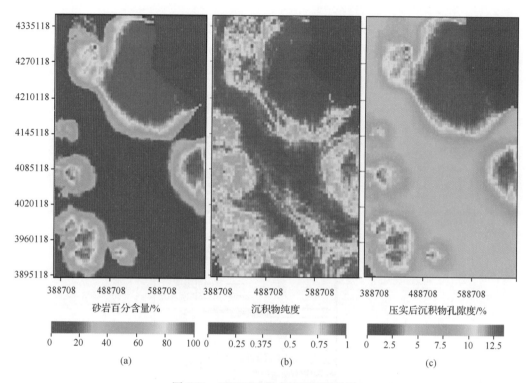

图 2-21　SEDSIM 长 8 储层预测结果

（a）砂岩百分比含量；（b）沉积物纯度；（c）压实后沉积物孔隙度

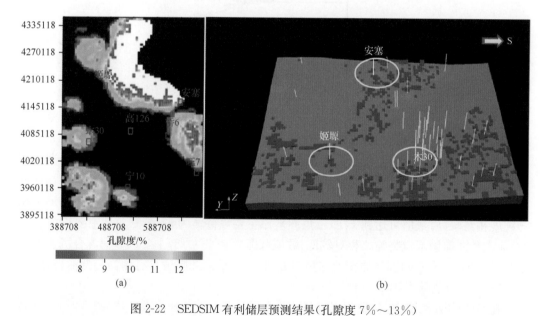

图 2-22　SEDSIM 有利储层预测结果（孔隙度 7%～13%）

（a）为有利储层预测平面分布图，黑色区域为孔隙度小于 7% 或大于 13%；（b）为有利储层预测空间分布图

2. 马岭地区长 8 段有效储层预测(尺度 1km)

根据湖平面变化,长 8 段自底部至上部可以进一步分成长 8^2 段和长 8^1 段(Li,et al.,2007;Zou et al.,2010)。对长 8^1 段共 204 口井的实际测井砂体厚度与正演模拟结果得到的垂向测井砂体厚度对比发现,模拟得到的结果与实际结果的吻合度超过 65.67%。长 8^2 段共 204 口井,模拟得到的结果与实际结果的吻合度超过 76.63%。如在长 8^1 段中,里 187 井的砂体厚度为 16.60m,模拟结果为 18.65m,误差为 11.68%;长 8^2 段中,里185 井的砂体厚度为 19.20m,模拟结果为 21.48m,误差为 11.88%(图 2-23)。

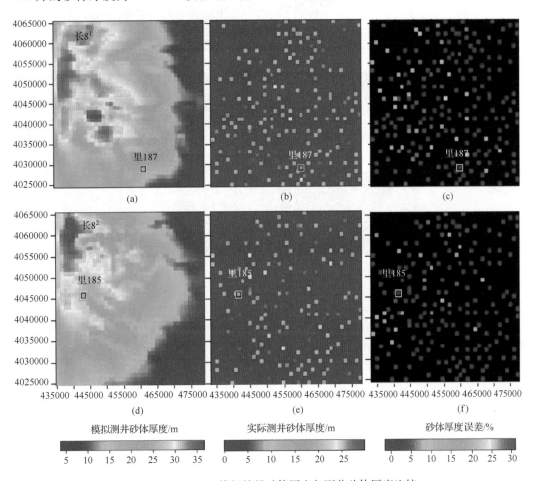

图 2-23 SEDSIM 模拟结果砂体厚度与测井砂体厚度比较

(a) SEDSIM 预测砂体厚度 18.65m;(b) 测井砂体厚度 16.60m;(c) 砂体厚度误差 11.68%;
(d) SEDSIM 预测砂体厚度 21.48m;(e) 测井砂体厚度 19.20m;(f) 砂体厚度误差 11.88%

对比长 8^2 段和长 8^1 段的平面砂体分布范围得出,长 8^1 段的平面砂体分布范围比长 8^2 段的砂体分布范围较广(图 2-24);同时,在长 8^1 段的孔隙度平面分布和空间分布中,孔隙度为7%~13%范围的比长 8^2 段对应的孔隙度分布广。综合以上分析得出,在 SEDSIM 结果中,长 8^2 段和长 8^1 段的有利储层主要分布于三角洲前缘砂体,长 8^1 段储层物性与空间分布优于长 8^2 段(图 2-24)。该研究结果与长庆油田的实际开发现状是一致的。

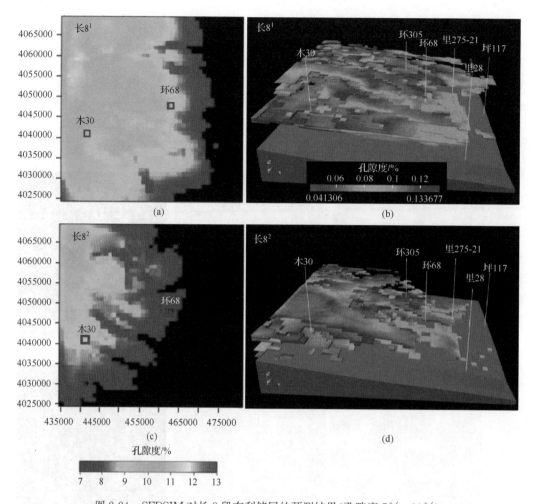

图 2-24　SEDSIM 对长 8 段有利储层的预测结果(孔隙度 7%～13%)

(a) 长 8¹ 段有利储层预测平面分布图,黑色区域为孔隙度小于 7%或大于 13%;(b) 长 8¹ 段有利储层预测三维空间分布图;(c)长 8² 段有利储层预测平面分布图;(d)长 8² 段有利储层预测三维空间分布图

3. 全盆地长 6 段有效储层预测(尺度 5km)

长 6 段沉积时期主要经历了湖平面的下降和上升的不完整旋回。对长 6 段进行沉积体系演化模拟得出,与鄱阳湖浅水三角洲和长 8 段沉积体系相似,在平面上,由于湖平面的下降,四大沉积物源源不断地向盆地供应沉积物,自各个物源至湖盆中心方向,砂岩含量自近源向远源逐渐减少[图 2-25(a)],岩性以中粒砂、细粒砂和泥质粉砂岩沉积为主。对沉积物纯度分析发现,长 6 段的沉积物纯度同样具有带状分布特征,即三角洲平原与前三角洲沉积物纯度相对较高,数值可达到 1,即在三角洲平原主要以砂体为主,前三角洲主要以泥岩为主;而三角洲前缘沉积物纯度相对较低,数值范围为 0.4～0.8,主要以砂泥混合沉积为主[图 2-25(b)],为纯砂和纯泥的过渡带。与长 8 段储层特征相似,长 6 段沉积时期,自三角洲平原至前三角洲,压实后的孔隙度同样具有由高变低[图 2-25(c)]的特征,数值范围为 3%～14%。

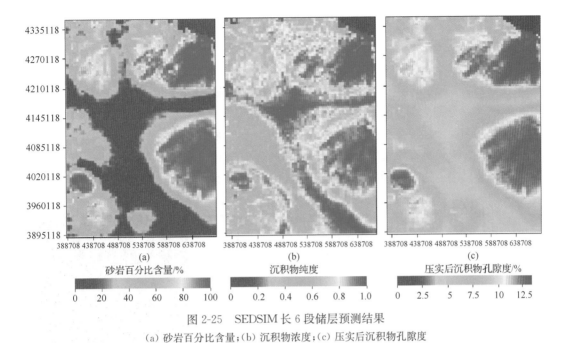

图 2-25 SEDSIM 长 6 段储层预测结果

（a）砂岩百分比含量；（b）沉积物浓度；（c）压实后沉积物孔隙度

对 SEDSIM 预测结果进行压实后孔隙度的平面和空间分析，结果表明，长 6 段的有利储层主要分布于三角洲前缘砂体（图 2-26）。该结果与长 8 段的结果主要受到分辨率的影响（分辨率是 5km），要得到更为准确的结果，同样需要对局部区域进行网格加密模拟。

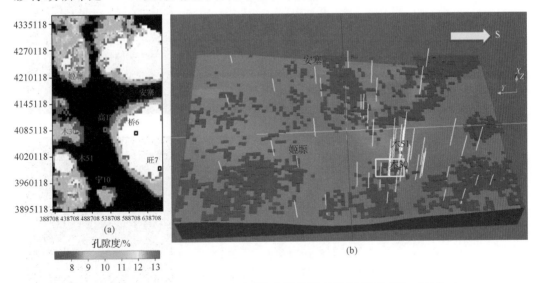

图 2-26 SEDSIM 对长 6 段有利储层的预测结果（孔隙度 7%～13%）

（a）为有利储层预测平面分布图，黑色区域为孔隙度小于 7% 或大于 13%；（b）为有利储层预测空间分布图

4. 华庆地区长 6 段有效储层预测（尺度 1km）

由于长 6 段主要受到湖平面变化的控制，根据湖平面变化，长 6 段自底部向上进一步分成长 6^1 段、长 6^2 段和长 6^3 段（Zou et al.，2010）。对长 6^1 段、长 6^2 段和长 6^3 段共 19

口井的实际测井地层厚度与正演模拟结果得到的垂向测井地层厚度对比发现,模拟得到的结果与实际结果的吻合度较好,分别约为73%、71%和70%。例如,对这三小层随机选取了木51井、白248井和白510井对比分析发现,在长 6^1 段小层中,这三口井的测井地层厚度分别为37m、39m和38m,数值模拟预测厚度分别为31.62m、30.93m和32.73m,地层厚度误差分别为7.29%、20.96%和13.86%;长 6^2 段小层中,木51井、白248井和白510井的测井地层厚度分别为36m、37m和44m,预测厚度分别为40.54m、37.94m和39.56m,地层厚度误差分别为12.61%、2.53%和10.10%;长 6^3 段小层中,木51井、白248井和白510井的测井地层厚度分别为44m、36m和37m,预测厚度分别为38.44m、39.88m和36.43m,地层厚度误差分别为12.65%、10.78%和1.54%(图2-27)。

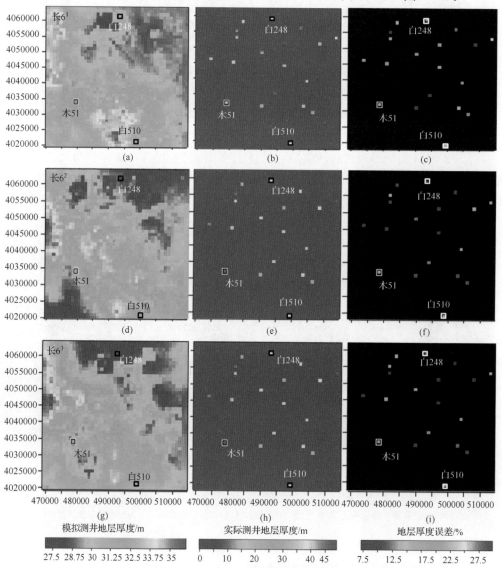

图 2-27　SEDSIM 对长 6 段的模拟结果地层厚度与测井地层厚度比较

(a)、(d)和(g)为 SENSIM 模拟结果;(b)、(e)和(h)为实际测井砂体厚度;(c)、(f)和(i)为地层厚度误差

对长 6^1 段、长 6^2 段和长 6^3 段数值预测结果中的有效砂体平面分布范围分析表明，长 6^3 段的平面砂体分布范围相对较广，约为 $612km^2$，长 6^2 段和长 6^1 段的平面砂体分布范围相对较小，分别为 $447km^2$ 和 $442km^2$；此外，对孔隙度平面分布和空间分布进行进一步的分析发现，长 6^3 段的有效储层(孔隙度范围为 7%～13%)比长 6^1 段和长 6^2 段的有效储层分布广(图 2-28)。因此，在 SEDSIM 结果中，长 6^1 段、长 6^2 段和长 6^3 段的有利储层主要分布于三角洲前缘砂体，长 6^3 段的储层物性与空间分布优于长 6^1 段和长 6^2 段的储层物性与空间分布(图 2-28)。

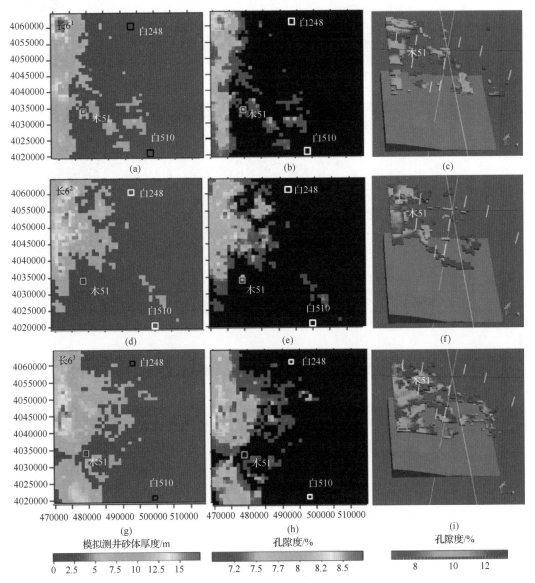

图 2-28　SEDSIM 对长 6 段有利储层的预测结果(孔隙度 7%～13%)

(a)、(d)和(g)为有效储层砂体平面分布；(b)、(e)和(h)为有利储层预测平面分布图，黑色区域为孔隙度小于 7%或大于 13%；(c)、(f)和(i)为有利储层预测空间分布图

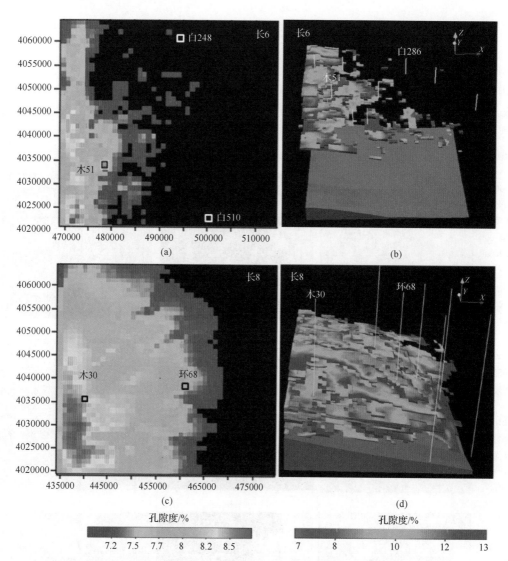

图 2-29 SEDSIM 对长 6 段和长 8 段有利储层的预测结果(孔隙度 7％～13％)
(a)和(c)分别为长 6 段和长 8 段有效储层预测平面分布图,黑色区域为孔隙度小于 7％与大于 13％;
(b)和(d)分别为长 6 段和长 8 段有利储层预测空间分布图

此外,对有效储层(孔隙度范围为 7％～13％)的平面分布范围和空间分布范围对比分析发现,马岭长 8 段的储层物性与空间分布优于华庆长 6 段(图 2-29)。在长庆油田的实际开发中,马岭长 8 段的储层物性优于华庆长 6 段的储层物性,这与本次的研究结果相符合,从而印证了本次研究结果的准确性。

（八）沉积非均质性对油气运聚的控制作用

为了研究沉积非均质性对油气运聚的影响,本书使用盆地模拟软件 Temis 进行长 8 段—长 6 段油气运聚模拟。Temis 盆地模型中的地史模型由 SEDSIM 直接模拟得到,另外的油气系统模型、有机质丰度烃源岩地化库模型和热边界条件模型需要根据实际的相关地质资料设置。在保持所有热史条件和后期构造运动相同的条件下,利用经典的沉积相图代替 SEDSIM 的沉积模型。其中埋藏史和热史的条件相同,泥岩有机质含量则根据其受到岩心与水深的控制进行设置。

鄂尔多斯盆地延长组长 7 段和长 9 段均发育优质烃源岩(张文正等,2007)。长 7 段油层组油页岩富含有机质,有机地球化学分析资料表明,残余有机碳含量大概为 6%～22%,最高可达 30%～40%,平均 TOC 为 13.75%。长 8 段和长 6 段的泥岩有机质含量范围分别为 1.45%～3.05% 和 1.64%～3.75%,平均分别为 2% 和 2.5%。根据 TOC 与岩性和水深的关系,如长 7 段主要发育半深湖-深湖,水深为 30～250m,长 8 段和长 6 段以浅湖沉积相为主,水深为 0～30m。因此,在本书中,设置 TOC 范围为 1.5%～14%,水深为 0～250m。泥岩 TOC 在不同水深的赋值如表 2-5 所示(在结果中水深以负值表示)。

表 2-5　泥岩 TOC 在不同水深的赋值

水深 X/m	TOC/%
$X \geqslant 0$	0
$X < -250$	0
$0 > X \geqslant -10$	1.5
$-10 > X \geqslant -20$	2.5
$-20 > X \geqslant -30$	3.5
$-30 > X \geqslant -40$	4.5
$-40 > X \geqslant -50$	5.5
$-50 > X \geqslant -80$	6.5
$-80 > X \geqslant -100$	7.5
$-100 > X \geqslant -120$	8.5
$-120 > X \geqslant -150$	11
$-150 > X \geqslant -200$	12
$-200 > X \geqslant -250$	14

结果得出,经典地质模型与 SEDSIM 的沉积模型得到的 R_o 模型基本一致。这说明 Easy R_o 模型与实际测试数据吻合度很高(图 2-30),该模型可以进一步进行油气运聚模拟。结果表明,经典地质模型与 SEDSIM 的沉积模型的油气运聚结果具有明显的区别。

图 2-30 和图 2-31 为含油饱和度的模拟结果。结果显示,不管是经典地质模型还是 SEDSIM 地质模型,在两者的有效砂岩(孔隙度大于等于 7%)含油饱和度分布中,长 7 段的含油饱和度最高,可达 65%;含油饱和度分布面积

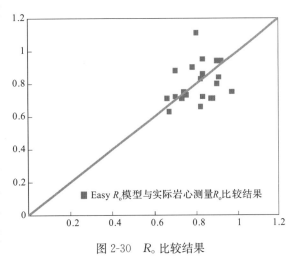

■ Easy R_o 模型与实际岩心测量 R_o 比较结果

图 2-30　R_o 比较结果

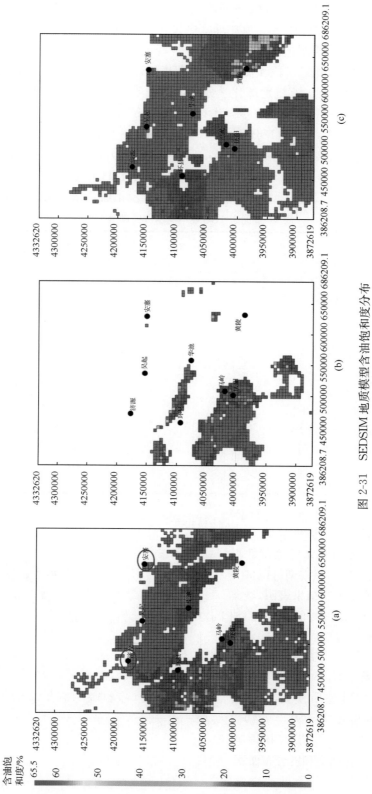

图 2-31　SEDSIM 地质模型含油饱和度分布

(a) 长 8 段;(b) 长 7 段;(c) 长 6 段

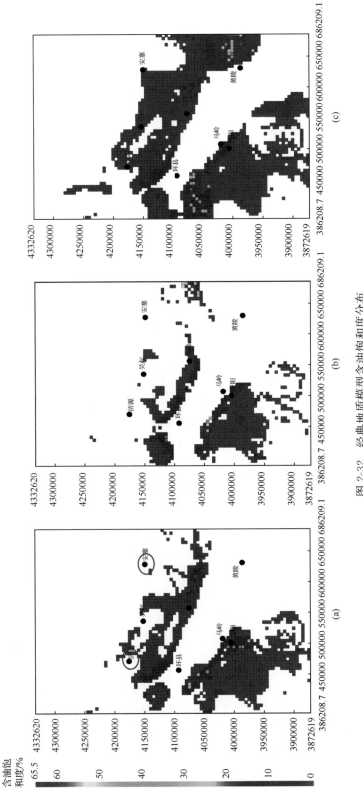

图 2-32　经典地质模型含油饱和度分布

(a) 长 8 段；(b) 长 7 段；(c) 长 6 段

最大为长 6 段,其次为长 8 段,长 7 段最小(图 2-31,图 2-32)。而在含油饱和度分布范围的比较中,SEDSIM 地质模型长 8 段和长 6 段的含油饱和度分布面积比经典地质模型的含油饱和度分布面积要广,且与实际勘探现状具有很高的吻合度,如安塞油田、济源油田(图 2-31,图 2-32)。

根据长庆油田最新的资料可知,延长组的资源量为 128.5 亿 t,其中长 8 段—长 6 段的资源量大约为 100 亿 t(图 2-33)。在模拟结果中,经典地质模型所得的资源量为 171.3 亿 t,SEDSIM 地质模型所得的资源量为 233.8 亿 t。这两个模拟结果与油田预测资源量相差不大,都在一个量级上。图 2-34 结果表明,SEDSIM 地质模型所得的生烃总量(2084 亿 t)、有效储集量(233.4 亿 t)、滞留在烃源岩中的量(1518 亿 t)与排烃量(566 亿 t)均比经典地质模型所得的模拟值(分别为 1724 亿 t、171.4 亿 t、1199 亿 t、525 亿 t)要大。此外,有效储层资源量以长 6 段潜力最大,约为 144.5 亿 t;其次为长 8 段,约为 73.16 亿 t;长 7 段最小,约为 16.14 亿 t(图 2-34)。然而,SEDSIM 地质模型的排烃系数(27.2%)比经典地质模型排烃系数(30.5%)小,但是运聚系数(13.56%)比经典地质模型运聚系数(8.22%)大(图 2-35)。

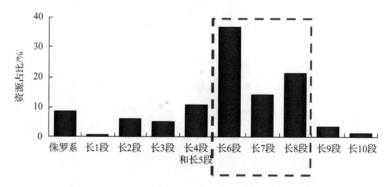

图 2-33 鄂尔多斯盆地中生界石油资源分布情况(中国石油长庆油田勘探开发研究院,2015)

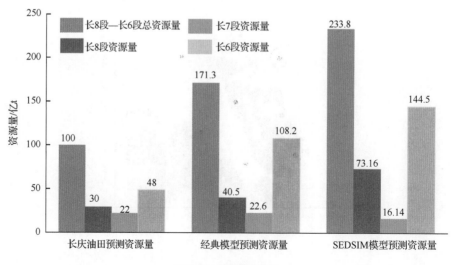

图 2-34 资源量对比

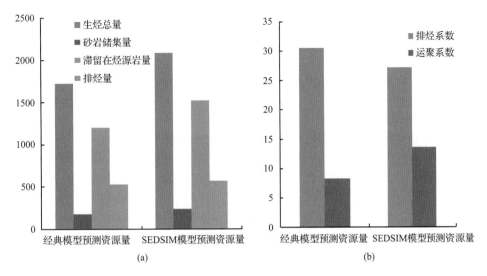

图 2-35 油气运聚模拟各类结果对比

（a）资源量对比；（b）排烃与运聚系数对比

以上对比结果的差异主要是因为 SEDSIM 地质模型的非均质性比经典地质模型的非均质性要强，更能有效反映沉积非均质性对油气资源量的控制作用，所得到资源量也更合理。

第三章 油气储层水-岩相互作用

油气层中的地下水是一种含多种溶解组分的复杂溶液,在与围岩长期接触过程中,必然与围岩发生一系列的物理、化学反应,而岩石是由多种矿物组成的集合体,地下水与岩石中多种矿物的反应不仅导致化学元素在岩石与水之间重新分配,而且导致原生矿物溶解和次生矿物生成,引发岩石微观结构的改变,从而影响油气层孔隙度、渗透率等特征。因此,成岩作用中的水-岩相互作用模拟对油气资源的勘探开采有着极其重要的意义。

已有的盆地模型中只考虑了沉积盆地的几何形态变化、沉积物的压实作用、沉积物内的热力学过程等因素,忽略了水-岩作用及其他各种可能的化学成岩作用。因此,需要建立以水-岩相互作用为主的成岩作用数值模拟模块,对各种地质环境及在地质过程中与周围介质相互作用时化学元素的迁移、演变历史和再分布的规律进行研究,分析沉积盆地的储层质量,提高油气勘探及评价的准确度,从而实现对油气勘探风险的定量评估。

第一节 成岩作用类型

成岩事件包括压实、胶结、溶蚀、压溶、交代和重结晶等,与孔隙演化密切相关的主要为压实作用、胶结作用和溶蚀作用。

机械压实作用是指在上覆沉积物和水体静压力或构造变形压力的作用下,发生水分排出,碎屑颗粒紧密排列,软组分挤入孔隙使孔隙体积缩小,孔隙度降低,渗透性变差的作用。压实作用开始于沉积物沉积之后受上覆沉积物质埋藏过程中,不同层位、不同区块的压实强度的差别直接影响原生孔隙度的保存程度。压实作用对孔隙的影响主要发生在早成岩阶段。

胶结作用是孔隙水的溶解组分在砂岩孔隙中沉淀结晶,能将碎屑沉积物胶结成岩。砂岩中主要胶结物有碳酸盐矿物、氧化硅矿物、黏土矿物、含铁矿物等。在储层中胶结物起堵塞孔隙、使孔隙性变差的破坏作用。胶结物成分以碳酸盐、硫酸盐为主,其次为硅质、自生黏土矿物、自生长石和铁质等。

碳酸盐胶结作用是影响库车拗陷白垩系储层发育的主要因素之一。其胶结物主要有四种类型:泥晶-微晶方解石、粉晶-细晶方解石、嵌晶-连晶方解石、自形粉-细晶白云石和少量的铁白云石,分别代表不同时期、不同成岩环境的产物。

砂岩中的碎屑颗粒、基质、胶结物在一定的成岩环境及物化条件下可以发生不同程度的溶蚀作用并形成次生溶蚀孔隙,这些溶孔常常是油气的主要储集空间。溶蚀作用可以发生在不同成岩阶段,而大规模溶蚀作用往往发生在油气进入储层时期。溶蚀作用在成岩演化过程中随时可以发生,但主要有两次溶解作用对储层产生明显影响:一是在地层进入到中成岩演化 A_1 阶段时,有机质达到低成熟排烃的同时,产生的有机酸会对储层带来一次较强的溶蚀作用,形成一个次生孔隙发育带,也就是常说的最有利于油气富集的次生孔隙发育段；第二次溶解作用发生在温度大于100℃时，热还原反应再次产生有机酸对储层进行溶解，此次溶解作用一般发生在中成岩 A_2—B 阶段，构造缝被溶蚀扩大所形成的溶扩缝对改善储集性能也起到不可忽视的作用，仍能产生非常好的储层。

被溶蚀的物质主要是长石、岩屑，流体主要是有机酸，有机质成熟后排出有机酸，溶解于地层水中，溶蚀长石等铝硅酸盐矿物，从而形成大量自生高岭石。溶蚀作用改善了储层孔隙结构，是一种最重要的建设性成岩作用。溶蚀作用在不同部位的分布有所差别，在粒度较粗及断裂附近发育较好，这是因为断层水的溶解主要分布于断裂带附近。

第二节　数据库及公式

一、常见砂岩热力学数据库

各矿物的平衡常数是温度的函数，是地球化学计算中非常重要的参数之一。

$$\lg K_T = a\ln T_k + b + cT_k + d/T_k + e/T_k^2 \tag{3-1}$$

式中，K 为矿物反应的平衡常数；T_k 为绝对温度，K；a、b、c、d、e 分别为 5 个回归系数。

表 3-1 列出了石英、钾长石、钙长石等 11 种砂岩中常见矿物的化学式、反应式及计算平衡常数有关的参数。

表 3-1　砂岩常见矿物的热动力数据

矿物	化学组成	反应式	回归系数				
			a	b	c	d	e
石英	SiO_2	$SiO_2 = SiO_2(aq)$	-2.356×10	1.544×10^2	1.782×10^{-2}	-1.090×10^4	6.485×10^5
钾长石	$KAlSi_3O_8$	$KAlSi_3O_8 = K^+ + 3SiO_2(aq) + AlO_2^-$	2.282×10	-1.206×10^2	-4.730×10^{-2}	-7.046×10^3	4.771×10^5
钙长石	$CaAl_2Si_2O_8$	$CaAl_2Si_2O_8 = Ca^{2+} + 2SiO_2(aq) + 2AlO_2^-$	4.726×10^2	-3.060×10^3	-4.202×10^{-1}	1.818×10^5	-1.213×10^7
钠长石	$NaAlSi_3O_8$	$NaAlSi_3O_8 = Na^+ + 3SiO_2(aq) + AlO_2^-$	4.384×10^2	-2.863×10^3	-3.556×10^{-1}	1.771×10^5	-1.266×10^7
奥长石	$Ca_{0.2}Na_{0.8}$ $Al_{1.2}Si_{2.8}O_8$	$Ca_{0.2}Na_{0.8}Al_{1.2}Si_{2.8}O_8 = 0.8Na^+ + 2.8SiO_2(aq) + 0.2Ca^{2+} + 1.2AlO_2^-$	5.782×10^3	-3.717×10^4	-5.124×10^{-1}	2.134×10^6	-1.332×10^8
方解石	$CaCO_3$	$CaCO_3 + H^+ = Ca^{2+} + HCO_3^-$	1.426×10^2	-9.048×10^2	-1.445×10^{-1}	5.072×10^4	-2.937×10^6
白云石	$CaMg(CO_3)_2$	$CaMg(CO_3)_2 + 2H^+ = Ca^{2+} + Mg^{2+} + 2HCO_3^-$	2.988×10^2	-1.899×10^3	-2.997×10^{-1}	1.068×10^5	-6.150×10^6
铁白云石	$CaMg_{0.3}Fe_{0.7}$ $(CO_3)_2$	$CaMg_{0.3}Fe_{0.7}(CO_3)^2 + 2H^+ = 2HCO_3^- + Ca^{2+} + 0.3Mg^{2+} + 0.7Fe^{2+}$	2.934×10^2	-1.865×10^3	-2.958×10^{-1}	1.047×10^5	-6.051×10^6

续表

矿物	化学组成	反应式	回归系数				
			a	b	c	d	e
菱铁矿	$FeCO_3$	$FeCO_3 + H^+ = Fe^{2+} + HCO_3^-$	1.529×10^2	-9.743×10^2	-1.532×10^{-1}	5.491×10^4	-3.167×10^6
高岭石	$Al_2Si_2O_5(OH)$	$Al_2Si_2O_5(OH)4 = 2H^+ + 2SiO_2(aq) + H_2O + 2AlO_2^-$	4.697×10^2	-3.035×10^3	-4.090×10^{-1}	1.693×10^5	-1.131×10^7
伊利石	$K_{0.6}Mg_{0.25}Al_{1.8}$ $(Al_{0.5}Si_{3.5}O_{10})$ $(OH)_2$	$K_{0.6}Mg_{0.25}Al_{1.8}$ $(Al_{0.5}Si_{3.5}O_{10})(OH)_2 =$ $1.2H^+ + 0.25Mg^{2+} +$ $0.6K^+ + 3.5SiO_2(aq) +$ $0.4H_2O + 2.3AlO_2^-$	9.766×10^2	-6.313×10^3	-8.352×10^{-1}	3.629×10^5	-2.369×10^7

二、矿物反应动力学数据库

反应动力学速率常数 k 由中性、酸性和碱性 3 个机制组成，见式(3-2)。表 3-2 列出了砂岩中常见矿物在各种机制下的反应动力学数据。

$$k = k_{25}^{nu} \exp\left[\frac{-E_a^{nu}}{R}\left(\frac{1}{T} - \frac{1}{298.15}\right)\right] + k_{25}^H \exp\left[\frac{-E_a^H}{R}\left(\frac{1}{T} - \frac{1}{298.15}\right)\right] a_H^{n_H}$$
$$+ k_{25}^{OH} \exp\left[\frac{-E_a^{OH}}{R}\left(\frac{1}{T} - \frac{1}{298.15}\right)\right] a_{OH}^{n_{OH}} \tag{3-2}$$

式中，上标 nu、H 和 OH 分别代表中性、酸性和碱性机制；k_{25} 为 25℃时的速率常数，$mol/(m^2 \cdot s)$；a 为活度，mol/L；n 为经验指数；E_a 为活化能，kJ/mol；R 为通用气体常数，$J/(mol \cdot K)$。

表 3-2　常见砂岩的动力学数据库

矿物	表面积/ (cm^2/g)	动力学速率的计算参数								
		中性机制		酸性机制			碱性机制		
		$k_{25}/[mol /(m^2 \cdot s)]$	$E_a /(kJ/mol)$	$k_{25}/[mol /(m^2 \cdot s)]$	$E_a/(kJ /mol)$	$n(H^+)$	$k_{25}/[mol /(m^2 \cdot s)]$	$E_a/(kJ /mol)$	$n(H^+)$
石英	9.8	1.023×10^{-14}	87.7						
高岭石	151.6	6.918×10^{-14}	22.2	4.898×10^{-12}	65.9	0.777	8.913×10^{-18}	17.9	-0.472
伊利石	151.6	1.660×10^{-13}	35.0	1.047×10^{-11}	23.6	0.34	3.020×10^{-17}	58.9	-0.40
钠长石-低	9.8	2.754×10^{-13}	69.8	6.918×10^{-11}	65.0	0.457	2.512×10^{-16}	71.0	-0.572
奥长石	9.8	1.445×10^{-12}	69.8	2.1380×10^{-10}	65.0	0.457			
钾长石	9.8	3.890×10^{-13}	38.0	8.710×10^{-11}	51.7	0.5	6.310×10^{-22}	94.1	-0.823
菱镁矿	9.8	4.571×10^{-10}	23.5	4.169×10^{-7}	14.4	1.0			

续表

矿物	表面积/ (cm^2/g)	动力学速率的计算参数								
		中性机制		酸性机制			碱性机制		
		$k_{25}/[mol /(m^2 \cdot s)]$	$E_a /(kJ/mol)$	$k_{25}/[mol /(m^2 \cdot s)]$	$E_a/(kJ /mol)$	$n(H^+)$	$k_{25}/[mol /(m^2 \cdot s)]$	$E_a/(kJ /mol)$	$n(H^+)$
白云石	9.8	2.951×10^{-8}	52.2	6.457×10^{-4}	36.1	0.5			
菱铁矿	9.8	1.260×10^{-9}	62.76	6.457×10^{-4}	36.1	0.5			
钠蒙脱石	151.6	1.660×10^{-13}	35.0	1.047×10^{-11}	23.6	0.34	3.020×10^{-17}	58.9	-0.40
钙蒙脱石	151.6	1.660×10^{-13}	35.0	1.047×10^{-11}	23.6	0.34	3.020×10^{-17}	58.9	-0.40
赤铁矿	12.87	2.512×10^{-13}	66.2	4.074×10^{-10}	66.2	1.0			
明矾石	9.8	1.00×10^{-12}	57.78				1.00×10^{-12}	7.5	-1.00

三、热动力和反应动力学数学公式

根据以上分析,得出了热动力和反应动力学数学公式,如矿物饱和度、矿物饱和指数、反应动力学速率等计算公式。矿物饱和度的计算公式为

$$\Omega_m = K_m^{-1} \prod_{j=1}^{N_C} c_j^{v_{mj}} \gamma_j^{v_{mj}} \quad (m = 1, \cdots, N_P) \tag{3-3}$$

式中,Ω_m 为矿物饱和度;K_m 为平衡常数;γ_j 为热力学活度系数;c_j 为第 j 个组分的物质的量浓度,mol/L;v_{mj} 为第 j 个组分的化学计量数;N_p、N_c 分别为矿物种类、反应中组分的个数。

在平衡时,矿物的饱和指数 SI_m 为

$$SI_m = lg\Omega_m = 0 \tag{3-4}$$

动力学速率是液相组分浓度的函数。用 Lasaga(1994)给出的速率公式有

$$r_n = f(c_1, c_2, \cdots, c_{N_C}) = \pm k_n A_n |1 - \Omega_n^\theta|^\eta \quad (n = 1, \cdots, N_q) \tag{3-5}$$

式中,r_n 为反应动力学速率,mol/(L·s),正值代表溶解,负值代表沉淀;k_n 为速率常数,mol/(m²·s);A_n 为每千克水中矿物的反应比表面积,cm²/g;Ω_n 为矿物饱和度;参数 θ 和 η 由实验确定,通常取 1。

第三节 成岩演化过程中水岩化学作用及孔隙度演变

一、库车拗陷储层物性特征

库车拗陷发育于晚二叠世,已经历了多期构造运动的叠加,属于中新生代叠合的前陆盆地(顾家裕等,2001;张斌,2012)。受燕山期和喜马拉雅期两次构造运动的影响,形成了天山山前的大型逆冲褶皱系及一系列逆冲断层,构成了库车拗陷现今的构造格局,自北向

南分别为北部单斜带、克拉苏-依奇克里克冲断带、秋里塔格构造带、前缘隆起共 4 个构造带,以及乌什凹陷、拜城凹陷、阳霞凹陷共 3 个凹陷(古永红,2003;冯松宝,2012)。克拉苏构造带位于库车拗陷北部,与天山地槽相邻,是一个以冲断褶皱变形为主要特征的强构造变形带(郭卫星等,2010;冯松宝,2012)。本书研究对象是位于克拉苏构造带的克拉 2 气田白垩系巴什基奇克组(刘建清等,2004;张丽娟等,2006;Jia and Li,2008;Zhang et al.,2014;Lai et al.,2015)。

库车拗陷储层发育包括侏罗系(J)、白垩系(K)、古近系(E)及新近系(N),不同层系储层的孔隙度和渗透率分布分别如图 3-1 和图 3-2 所示,白垩系的储层物性最好,孔隙度大于 12% 的比例达到了 60%,渗透率大于 $10^{-3}\,\mu m^2$ 的比例达到了 65%。

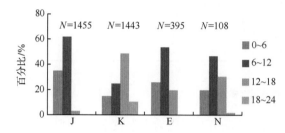

图 3-1　库车拗陷各层系储层孔隙度分布直方图(单位:%)

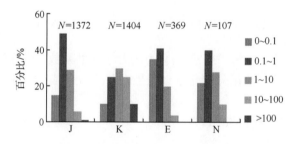

图 3-2　库车拗陷储层渗透率分布直方图(单位:$10^{-3}\,\mu m^2$)

据井下样品统计,库车拗陷巴什基奇克组的孔隙度分布范围为 0.9%～23.36%,平均值为 11.61%,渗透率分布范围为 $0.004\times10^{-3}\sim1190\times10^{-3}\,\mu m^2$,平均值为 $38.27\times10^{-3}\,\mu m^2$。克拉苏构造带的白垩系储层物性较好,孔隙度大于 12.0% 的比例高达 60%,孔隙度大于 $1.0\times10^{-3}\,\mu m^2$ 的比例高达 65%。巴什基奇克组一段的孔隙度主要介于 10%～15%,平均孔隙度为 12.87%,渗透率主要分布在 $0.1\times10^{-3}\sim1\times10^{-3}\,\mu m^2$,平均渗透率为 $15.01\times10^{-3}\,\mu m^2$,孔隙度和渗透率的相关性较好。巴什基奇克组二段的孔隙度主要分布在 15%～20%,克拉 2 井的平均孔隙度为 12.7%,渗透率范围为 $10\times10^{-3}\sim100\times10^{-3}\,\mu m^2$,平均值为 $59.2\times10^{-3}\,\mu m^2$,储层孔隙度和渗透率的相关性也较好。巴什基奇克组三段储层的孔隙度和渗透率的相关性较差,克拉 2 井的平均孔隙度仅为 8.0%,平均渗透率为 $0.97\times10^{-3}\,\mu m^2$。总体而言,克拉 2 气田的储层属于中孔中渗或低孔中低渗储层,在纵向上物性最好的层段主要分布于巴什基奇克组第一段的下部及第二段的中上部,而第三段的物性相对较差(韩慧萍,2005)。

综合研究表明,影响库车拗陷储层发育的主要因素包括沉积环境、成岩作用、构造作用、异常高压、埋藏史及油气充注等,其中前 3 个是最主要的因素。首先,沉积环境是储层发育的基础状态,对砂岩储层物性的控制是先天决定性的,因为埋藏之后的一切成岩作用所引起的成岩变化均是在原始沉积作用基础上进行的,碎屑岩储层的物性取决于岩石结构、组分、储层厚度及成岩作用,而结构、组分、储层厚度直接受沉积环境控制,同时沉积环境也影响成岩作用的强度。其次,成岩作用是关键因素,既可以破坏原生孔隙,也可以形成次生孔隙,各种建设性或破坏性的成岩作用对储层的改造最终决定了储层储集性能的好坏,它们是继沉积作用之后使储层非均质性更加强烈的主要原因。最后,构造作用对储层的影响包括两个方面:一方面,构造侧向挤压导致岩层的进一步压实,造成储层物性变差;另一方面,构造应力的侧向挤压导致硬的岩层产生裂缝,连通孔隙,为岩层中的流体流动提供良好的通道,改善储集性能。

二、库车拗陷典型成岩作用

研究区目的储层所经历的成岩事件主要包括压实作用、胶结作用、溶蚀作用、压溶作用、交代作用和重结晶作用,和孔隙度演化密切相关的主要为压实作用、胶结作用和溶蚀作用(古永红,2003;刘建清等,2004)。

压实作用在库车拗陷主要有 3 种表现形式:①松软颗粒的压实变形,发生在早期;②刚性颗粒的压裂,主要是粒度较粗的砾屑,在上覆地层的压力和构造挤压下,形成不规则的裂纹;③颗粒接触方式的变化,当松软颗粒含量较高时,压实作用使颗粒呈线-凹凸接触,这充分表明颗粒经历了较强的压实作用。克拉 2 气田压实作用不强,这取决于其所处的特殊地质背景,长期的浅埋和短期的深埋导致压实作用进行的不彻底,尤其是在异常高压形成之后,隙间超压流体支撑碎屑颗粒,从而抑制压实作用的进行。

胶结作用是库车拗陷储层物性变差的最重要的成岩作用之一。库车拗陷胶结作用主要包括碳酸盐、石英、硫酸盐、长石次生加大、黄铁矿及各种自生矿物的析出,这些胶结物充填孔隙或堵塞喉道,破坏孔隙间的连通性,使储层的物性变差。尽管胶结作用破坏了储层的储集空间,但早期的胶结作用也在一定程度上抑制了压实作用,这是因为如果胶结物形成于压实作用之前,且岩石孔隙没有完全被破坏,则胶结物可能会提供一种更加致密的结构,从而帮助岩石抵抗进一步深埋而引起的压实作用,最终保留一部分的原生孔隙,并可以为后期的溶蚀作用打下物质基础。在克拉 2 气田的白垩系巴什基奇克组,白云石和铁白云石胶结物比较发育,硅质胶结物、长石次生加大在白垩系不发育,硬石膏胶结作用大致发育于早、晚两期。白垩系巴什基奇克组 1 段、2 段黏土包壳均匀、连续分布于颗粒表面,它对白垩系储层孔隙保护十分有利,这是白垩系储层孔隙发育的原因之一。白垩系储层中石英次生加大少见,仅少数颗粒见微晶石英生长,这表明储层中并不是硅质来源不充分,而是黏土包壳有效阻止了石英加大。可以看出,黏土包壳的存在对白垩系储层孔隙的保护具有十分重要的意义。

克拉 2 气田巴什基奇克组的溶蚀作用主要为胶结物的溶蚀,包括方解石、长石、石膏和岩屑颗粒等,从而对储层孔隙度起到极大的建设性作用。通过对井下岩样的铸体薄片观察统计,溶蚀作用产生的粒间溶孔构成了研究区的主要储集类型。溶蚀作用贯穿于不同的成岩阶段,而大规模的溶蚀作用发生在烃源岩成熟时,伴随着油气的充注,酸性水或酸性气体进入储层之后溶于地层水,在酸性条件下碳酸盐岩和硅酸盐岩等矿物发生溶解,致使储层的孔隙度增加,其中硅酸盐岩的大量溶解,伴随着长石矿物向高岭石转化,其体积减小,次生孔隙生成,是对储层物性最有利的反应。

三、库车拗陷储层演化

依据裴怿楠和薛叔浩(1997)成岩阶段的划分方案及标准,成岩作用包括早成岩时期和晚成岩时期,早成岩时期又可分为 A 和 B 两期,晚成岩时期可分为 A₁、A₂、B 和 C 四期。结合库车拗陷的成岩地质特征,根据黏土矿物、自生矿物种类及特点、I/S 间层中的 S%(I 为伊利石,S 为蒙脱石)、成岩温度(包裹体测温)、成岩作用特征等指标判断得知,研究区白垩系储层处于晚成岩 A 期(谭秀成,2001)。

田军(2005)绘制了库车拗陷白垩系储层"四史"配置关系模式图,将储层演化分为 3 个阶段:①25Ma 以前,浅埋藏时期,地层温度较低,压实作用强烈且历时时间长,孔隙度降低,伴随着压实过程,石英次生加大,碳酸盐岩胶结物生成,在一定程度上抑制了压实作用,这一阶段的溶蚀作用相对较弱,几乎对孔隙度没有贡献;②25~5.3Ma,深埋藏早期,压实作用逐渐减弱,溶蚀作用逐渐增强,尤其是在后期;有机酸大量侵入,在酸性条件下长石等矿物大量溶蚀,生成次生孔隙,孔隙度增加。③5.3Ma 至今,深埋藏晚期,碱性环境下,以胶结作用和交代作用为主,铁白云石胶结物较丰富,孔隙度大幅度降低,为 2%~12%。在这个阶段,构造运动较为强烈,有利于油气的运移和成藏。克拉 2 井的埋藏史为新近纪之前,地层的埋深速率不大,后期地层大规模沉降,这个快速的埋藏过程使侏罗系烃源岩快速进入大规模生烃阶段,油气满足自身的吸附之外,便开始大规模的进入排烃阶段,整个过程都在晚期快速发生。

四、库车拗陷成岩序列

于志超等(2016)运用成岩作用和流体包裹体相结合的方法,研究了油气充注与成岩流体之间的关系,并建立了两者在成岩-成藏史上的演化序列。克拉 2 气田巴什基奇克组砂岩的成岩矿物组成主要为方解石、白云石、高岭石、石英次生加大边和微晶石英。根据前人关于成岩序列的研究,结合克拉 2 气田巴什基奇克组的成岩条件,可将成岩演化过程划分为 6 个连续的成岩阶段:压实作用→早期浅埋藏成岩阶段→有机酸第一次注入→高温高压→有机酸第二次注入→晚期深埋藏成岩阶段。

五、成岩过程中水岩化学作用的数值模拟

根据前人对克拉 2 气田巴什基奇克组成岩序列的研究和划分的结果(刘建清等,2004;韩慧萍,2005;田军,2005;于志超等,2016),本次模拟总时间为 30Ma,包括压实阶段(30~25Ma)、早期浅埋藏成岩(25~20Ma)、有机酸第一次注入(20~16Ma)、异常高温高压(16~13Ma)、有机酸第二次注入(13~9Ma)和晚期深埋藏成岩(9Ma 至今)。模拟的孔隙度变化曲线和成岩序列如图 3-3 所示。

在成岩初期,孔隙度受机械压实和化学压实的共同影响,但 TOUGHREACT 程序未考虑力学,因此,本次模拟仅考虑了化学压实作用,孔隙度由初始值 30.0% 降至 27.4%。

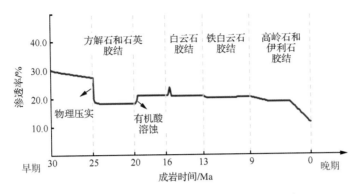

图 3-3 孔隙度演变曲线和成岩序列(30Ma 至今)

然而,实际地层中成岩初期机械压实对孔隙度的影响不可忽略,根据前人岩石学测试手段推测的孔隙度数据(刘建清等,2004;韩慧萍,2005;田军,2005;于志超等,2016),假设机械压实后(25Ma 时)储层的孔隙度为 20.0%。在第二个阶段,早期成岩过程中,由于温度和压力均较低,仅有一小部分方解石和石英胶结,孔隙度变化不大。在 20Ma 时,随着有机酸的第一次注入,大部分矿物的溶解造成孔隙度的增加,在 19Ma 时便已增至 21.7%,之后系统处于平衡状态,孔隙度基本稳定。在第四个阶段(16~13Ma),温度和压力的骤增引起了孔隙度的瞬间波动,由于温度和压力的改变破坏了原有的平衡,大部分矿物的溶解度在短时间内增加而发生溶解。在之后的阶段有机酸第二次注入,并未对孔隙度有较大的改变,因为此时系统内的温度和压力较高,且大部分矿物已经处于饱和状态,少量发生溶解的矿物不足以增加储层的孔隙度。在最后一个阶段,地层水的进入稀释了储层内的酸性流体,大部分矿物逐渐沉淀,致使孔隙度由 9Ma 时的 20.3% 降至现今的 11.4%。

于志超等(2016)通过 62 组 XRD 测试和薄片鉴定,指出巴什基奇克组的平均孔隙度为 11%,本次模拟的孔隙度为 11.4%,与之接近。另外,于志超等(2016)推测成岩序列为方解石胶结、石英次生加大、白云石、铁白云石和高岭石胶结,与本次模拟的成岩序列也一致。Lai 等(2015)亦指出,研究储层主要的孔隙填充物包括石英、长石、黏土(伊利石、伊蒙混层)和碳酸盐岩(方解石、白云石),和本次模型中生成的胶结物一致。通过与这些实测数据的对比,再次验证了模型的可靠性。

第四节 CO_2 参与下致密砂岩储层孔隙度的形成及分布

一、鄂尔多斯盆地储层岩性和物性特征

不同物源体系的碎屑物在搬运和沉积的过程中会产生不同的岩相、岩性及其他地球化学特征。然而,物质组分和岩石构成直接影响砂岩储层的水岩化学作用,制约成岩作用的速率及规模,进而影响储层孔隙度的演化,控制砂岩储层性质的好坏。

鄂尔多斯盆地上古生界各个地层的骨架颗粒构成如表 3-3 所示,上古生界砂岩储层的主要骨架颗粒为石英、硅质岩岩屑、长石、变质岩岩屑、沉积岩岩屑、岩浆岩岩屑,随着埋深的增加,石英和硅质岩岩屑等稳定组分的含量递增,而长石的含量逐渐减少。

表 3-3   上古生界不同层位的骨架颗粒构成(武文慧,2011)

层位	岩石			碎屑			样品数
	石英	长石	岩屑	石英 1	长石 1	岩屑 1	
石千峰组	54.51	21.18	12.83	61.58	23.89	14.53	348
上石盒子组	54.08	18.36	13.74	62.72	21.22	16.06	225
下石盒子组	63.09	2.19	19.01	74.89	2.55	22.56	2466
山西组	65.52	0.72	16.79	78.61	0.90	20.49	2745
太原组	65.69	0.35	15.39	80.27	0.43	19.30	507
本溪组	70.31	0.09	7.80	87.43	0.12	11.37	149

盒 8 段以岩屑砂岩和岩屑石英砂岩为主,岩屑石英砂岩含量基本在 45% 以上,砂岩以自生石英、绿泥石、高岭石、菱铁矿和铁方解石为主。长石矿物相对贫乏,含量普遍小于 3%,其原因主要有两个:一是长石抗风化能力弱,二是上古生界地层埋深大,岩石已经经历了一系列复杂成岩作用的改造,大量的长石矿物已经溶解,转化成高岭石、伊利石等黏土矿物。储层的主要黏土矿物为高岭石和伊利石,而绿泥石和伊蒙混层很不发育,这表明研究区发生了大量的高岭石化和伊利石化作用,高岭石化作用的反应物通常是长石类矿物(式 3-6),而伊利石化作用的反应物通常包括长石类矿物、高岭石及蒙皂石(式 3-7 和式 3-8)。高岭石和伊利石之间存在转化关系,因此两者的含量具有一定的互补性,绿泥石是富铁和富镁的硅酸盐矿物,研究区绿泥石缺乏,说明铁和镁的来源有限。盒 8 段砂岩中的胶结物主要是方解石和铁方解石,分别形成于早成岩时期和晚成岩时期。武文慧(2011)计算了碎屑中石英与另外两类矿物(长石和岩屑)总和的比值,发现比值相对较高的地区的长石含量较低,在下石盒子组具有较好相关性,推测其原因为下石盒子组,尤其是盒 8 段靠近下面的煤系地层山西组,受到酸性流体的影响。因此,砂岩储层中骨架颗粒的变化不仅与物源有关,而且与成岩过程中的地球化学反应密切相关。

$$长石类矿物 + H_2O + H^+ \rightarrow (K^+, Na^+, Ca^{2+}) + SiO_2 + 高岭石 \tag{3-6}$$

$$高岭石 + K^+ \rightarrow 伊利石 + H_2O + H^+ \tag{3-7}$$

$$蒙皂石 + K^+ + Al^{3+} \rightarrow 伊利石 + Na^+ + Ca^{2+} + Fe^{3+} + Mg^{2+} + Si^{4+} \tag{3-8}$$

鄂尔多斯盆地上古生界致密砂岩储层面积大、分布广,但岩石的结构成熟度及成分成熟度都较低。上古生界致密砂岩的孔隙类型主要包括残余粒间孔、粒间溶孔、自生矿物晶间孔、粒内溶孔、杂基溶孔及微裂隙,其中,溶孔类型非常多,包括粒间溶孔、粒内溶孔、杂基溶孔及胶结物溶孔,为油气储存提供了良好的空间,但溶孔的发育不规则,孔喉的连通性不如粒间孔。在地表条件下砂岩孔隙度小于 8.0% 的样品有 50.01%,覆压条件下渗透率小于 $0.1 \times 10^{-3}\ \mu m^2$ 的储层有 89%(杨华等,2012c)。盒 8 段储层主要是浅灰、灰绿色的粗-中砂岩,具有中等的圆度和中等的分选度,粒径为 $0.3 \sim 1.5 mm$,平均粒径为 0.70mm(武文慧,2011),孔隙度分布为 $0.72\% \sim 20.17\%$,平均值约为 8.0%,渗透率分布为 $0.01 \times 10^{-3} \sim 1 \times 10^{-3}\ \mu m^2$,平均值约为 $0.35 \times 10^{-3}\ \mu m^2$。上古生界砂岩储层内面孔率的平均值为 3.04%,其中,原生孔隙的面孔率为 0.87%,占总面孔率的 30% 左右;次生孔隙的面孔率为 2.12%,占总面孔率的 70% 左右;微裂隙的面孔率为 0.05%,占总面孔率的 2% 以下。由此可见,鄂尔多斯盆地上古生界储层的孔隙以次生孔隙为主(武文慧,2011)。

二、成岩演化过程

1. 典型成岩作用

成岩作用一直被认为是砂岩储层致密化的主控因素(杨威等,2008;周康,2008;路遥,2012)。鄂尔多斯盆地上古生界砂岩储层的埋藏历史长、埋藏深度大、热演化程度高,众多研究表明,研究区的物性差异不大,受沉积作用的影响并不明显,成岩作用是影响物性特征的主要因素,盒 8 段储层经历了一系列复杂的成岩作用,主要包括压实作用、溶蚀作用、胶结作用和交代作用(武文慧,2011)。

1) 压实作用

研究区上古生界现今埋深为 3000~3500m,压实强度为中等-强压实,岩石的镜下观察显示颗粒之间以线接触为主,说明其经历了非常强的压实作用,致使原生孔隙保存较少。

2) 胶结作用

胶结作用在研究区异常发育,是储层物性变差的关键因素之一(王行信和周书欣,1992;王瑞飞,2007;闫建萍等,2010),不同的地方表现为不同的矿物组合,具有非均质性,自生胶结物主要有自生石英、高岭石、方解石、绿泥石、铁白云石和菱铁矿等。可观察到石英次生加大边在一定程度上能够抵抗压实作用,从而保护原生孔隙,但硅质胶结相对较弱。黏土矿物总量虽然不多,但却是研究区重要的胶结物,影响着储层的物性特征,主要包括绿泥石、高岭石、伊利石或伊蒙混层。另外,大量方解石和铁白云石胶结物呈粒状充填于孔隙或胶结多个颗粒,对储层有极强的破坏性。

3) 交代和溶蚀作用

研究区的黏土矿物主要是高岭石和伊利石,同时观察到的主要交代作用也是长石的高岭石化及高岭石的伊利石化。

由于原生矿物中缺乏易溶组分,仅有少量泥质杂基,早期溶蚀孔隙不发育,但在中成岩阶段,随着有机酸的注入,长石等大量硅酸盐岩溶蚀,产生次生粒间溶孔(钟大康等,2007;远光辉等,2013)。研究区砂岩储层的孔隙大部分是溶蚀作用形成的各种次生孔隙,被溶蚀的对象主要是岩屑、长石易溶颗粒及部分填隙物,盒 8 段储层的溶蚀作用最为强烈,成岩早期形成的方解石胶结物在后期发生溶蚀,方解石溶蚀形成的次生孔隙可作为非常好的储集空间。鄂尔多斯上古生界地区是重要的含煤层系,成岩过程中,随着酸性水进入储层,引起长石等硅酸盐的溶解,产生次生孔隙,并为硅质胶结提供大量的 Si。因此,有机酸所引发的溶解反应是上古生界次生孔隙形成的重要机制。

2. 成岩阶段和序列

依据裴怿楠和薛叔浩(1997)成岩阶段的划分方案和标准,结合研究储层的成岩温度(包裹体测温)、镜质体反射率 R_o、有机质成熟度、成岩矿物组合及孔隙特征等因素,推测鄂尔多斯上古生界下石盒子组砂岩储层处于晚成岩 B 期(武文慧,2011)。早成岩 A 期的埋深较浅,小于 1000m,温度低于 60℃,以压实作用为主,导致储层孔隙度大幅度降低,硅酸盐的溶解为成岩流体提供了大量的阳离子,如 Ca^{2+}、Mg^{2+}、K^+ 等,长石开始发生高岭石化,部分区域发生了早期的方解石胶结,能够增强岩石的抗压实能力,在此阶段,伊蒙混层处于无序状态。早成岩 B 期的埋深加大,约为 2000m,温度为 70~90℃,在此阶段,压实作用更为强烈,煤系地层的酸性水促进了长石矿物的溶解并向高岭石转化,同时,蒙皂石向伊利石转化,随着成岩流体中离子浓度的增加,逐渐出现石英次生加大、碳酸盐岩沉淀等现象。晚成岩 A 期,埋深已接近 3000m,储层温度高达 140℃,有机质达到成熟阶段,松散岩石已变为坚硬的岩石,此时储层中长石已溶解殆尽,含量非常小,随着流体中硅质的增多,石英发生大量次生加大,早期形成的石英加大边对储层原生孔隙有一定的保护作用。晚成岩 B 期,埋深超过 3000m,温度为 160℃左右,此时伊利石是主要的黏土矿物,伊蒙混层为有序形态,系统中 CO_2 分压过大,碳酸饱和,当硅酸盐溶解产生 Ca^{2+} 时,方解石发生沉淀,并且产生了大量铁方解石胶结物,破坏储层物性。综上所述,盒 8 段储层的成岩序列可以概括为压实作用→石英次生加大→高岭石沉淀→方解石胶结→伊利石、蒙皂石沉淀→方解石溶解→石英胶结→铁方解石和铁白云石交代。

三、成岩与成藏关系

查清致密储层的形成机理,首先要明确储层的成岩过程及油气成藏的关系,这是一个极其重要而又艰难的工作。目前,研究成岩作用与成藏关系主要是通过岩心观察、岩石学测试、流体包裹体及同位素等手段,恢复砂岩储层的初始孔隙度(张创,2013),计算矿物溶蚀和胶结对孔隙度的改变,再现成岩演化过程,明确储层孔隙度和渗透率的演变曲线,确定致密化的时间。其次,基于流体包裹体测温、同位素分析、地球化学组分测试、矿物定年测试等手段,推算烃类运聚时间,确定成藏年代及过程。最后,将成岩过程与成藏时间进行耦合,从而确定成岩作用和成藏的关系(邹才能等,2009)。

前人已经对鄂尔多斯北部上古生界砂岩储层的成岩作用与成藏进行了大量研究,曹青(2013)基于岩心观察和测试等资料,恢复了压实作用前的初始孔隙度,根据成岩序列,分别计算了胶结作用和溶蚀作用对孔隙度的改造程度,还原了储层致密化的过程,确定储层致密的时间,与大规模天然气聚集时间进行耦合,结果表明,上古生界不同地层表现的关系不同,其中,盒 8 段砂岩显示"先致密、后成藏"的耦合关系。刘新社等(2007)通过对流体包裹体温度的研究,指出鄂尔多斯盆地上古生界致密砂岩储层的形成时间早于气藏的形成时间。Li 等(2008b)基于岩石学测试手段,研究表明鄂尔多斯上古生界储层在三叠纪中、后期变致密,早于大批油气充注。Shuai 等(2013)运用流体包裹体化学测试和动力学模拟相结合的手段,研究鄂尔多斯上古生界储层中气体的充注时间,从而判断成岩与成藏的关系,结果表明现今的气体成分与石英胶结物中的流体包裹体一致,石英胶结发生在气体充注之后,是CO_2的充注导致了一系列的矿物沉淀,储层快速致密化。

综上所述,针对鄂尔多斯盆地上古生界致密砂岩储层的成岩作用与成藏关系,前人的研究(赵靖舟等,2013;曹少芳等,2014;唐海评,2015)基本可以概括为两种观点:一种是"先致密,再成藏",另一种是"先成藏,再致密"。目前,前一种观点较为主流。鄂尔多斯盆地上古生界天然气的成藏过程相对漫长且持续,众多学者将其分为两期:第一期充注时间较早,约为200Ma,地层温度范围是$105\sim120℃$,气体组分以CO_2为主;第二期充注是在晚成岩时期,时间约为150Ma,温度较高,为150℃左右,气体组分以CH_4为主(曹青,2013;Shuai et al.,2013)。

四、区域非均质致密砂岩储层成岩作用模拟

在沉积盆地不同的沉积体系或沉积相带之间,由于沉积、构造等多种作用,储层的孔隙度、渗透率、矿物、溶液、生物等不均匀分布,即储层非均质分布(Dieckmann,2005;Flett et al.,2007;Etienne et al.,2012;Kihm et al.,2012)。

储层的非均质性影响地质体内流体的流动,很大程度上决定着油气层的储集性能。研究区盒8段储层沉积过程中河流迁移改道频繁,造成砂体内部矿物形态的不均匀分布。整个研究区内受成岩作用及成岩相的控制,储层孔隙度在平面和垂向上都具有一定的差异性,在局部形成有效储集体,因此,在区域范围内进行储层孔隙度的评价和预测将有利于油气的探寻。

选取研究区内具有代表性的9口井,其位置如图3-4所示,由南向北井号依次为苏137井、苏131井、苏35井、苏377井和苏229井,由西向东依次为苏390井、苏391井、苏128井、苏131井和苏323井。根据各井的测井资料,绘制盒8段储层南北向和东西向的剖面。盒8段在平面上主要为毯式浅水辫状河三角洲环境,砂体横向连通性较好,纵向上相互叠置,储层大部分是由砂岩与泥岩互层组成,厚度为$50\sim70m$。

本次研究根据盒8段的测井剖面建立3D模型,基于统计学随机理论实现孔隙度、渗透率及碎屑矿物在空间上的非均质,模拟CO_2进入储层后引发的化学反应及区域上储层孔隙度的分布,评价局部有利储层。

1. 概念模型

选择两条剖面交汇中心区域,面积为$36km^2$($6000m\times6000m$)。在X和Y方向分别等距剖分30个网格,选取盒8段储层的平均厚度60m,等距剖分为6个网格,则模型共包含5400个网格。模型的初始温度和压力的设置同2D模型(即充注流体为碳酸溶液的数值模型),初始温度为110℃,顶板压力为344bar[①],底板压力为350bar,初始压力分布如图3-5所示。CO_2从底部定压注入,用TOUGHREACT-MP的ECO2N模块进行计算,模型中矿物的速率计算参数与表3-2中相应的矿物一致。

---

① 1bar=10^5Pa。

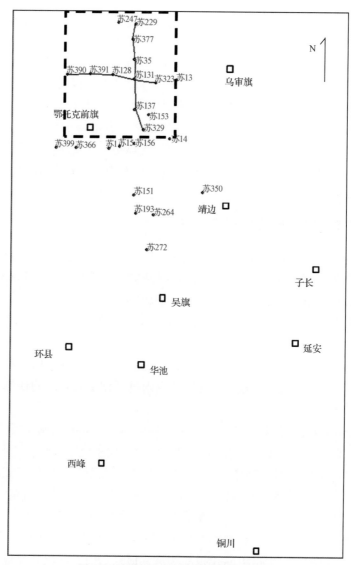

图 3-4 研究区连井剖面的测井位置图

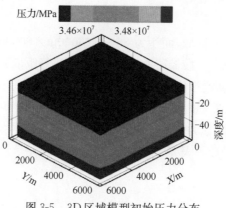

图 3-5 3D 区域模型初始压力分布

2. 初始非均质条件

1) 孔隙度和渗透率分布

(1) 非均质的实现方法。

孔隙度和渗透率通常具有一定的相关性，因此，首先运用随机场的理论实现渗透率的非均质分布，再根据孔隙度和渗透率之间的相关性，得到孔隙度的空间非均质分布。

在 TOUGHREACT 软件中，用户可以根据自己需要，通过式(3-9)修改每一个网格的渗透率。

$$K' = KF_k \tag{3-9}$$

式中，K' 为修改后的渗透率；K 为修改前的渗透率；F_k 为修改因子，可以由用户编写，加入到网格模块 ELEM 中。

储层渗透率的空间分布通常服从正态分布，本次研究通过随机理论求得符合标准正态分布的一组修改因子，加入到各个网格中，计算得到渗透率的空间分布。

前人研究表明，对数线性方程能较准确地刻画孔隙度和渗透率之间的关系，如式(3-10)所示。研究区盒 8 段储层构造简单，孔隙度和渗透率之间具有较强的相关性。因此，在得到渗透率分布之后，通过孔隙度和渗透率之间的相关方程求得相应的孔隙度。

$$\lg K = A\Phi + B \tag{3-10}$$

式中，K 为渗透率；Φ 为孔隙度；A 和 B 分别为回归系数。

(2) 模型中孔隙度和渗透率分布。

根据目的储层孔渗的实测数据及演化趋势，推测初始孔隙度的范围是 15.0%～23.0%，平均值为 19.0%，渗透率的范围是 0.1～0.85μm²，平均值为 0.45μm²。实现渗透率的空间非均质分布，关键是获得合适的修改因子。鉴于修改因子服从标准正态分布，本次研究将其期望值(均值)设为 1.0，变异系数为 0.80，相当于中度非均质分布的情况。求得修改因子范围为 0.04～9.94，大部分介于 0.2～3.0，获得的渗透率空间分布如图 3-6 所示，渗透率范围为 0.019～4.47μm²。

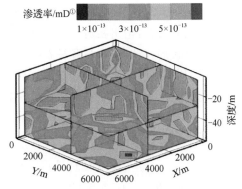

图 3-6　初始渗透率的空间非均质分布

研究区盒 8 段储层的孔隙度与渗透率的对数具有良好的相关性。如图 3-7 所示，回归方程为 $y = 9.9297x - 14.302$，相关系数为 0.95，由此可根据渗透率的空间分布，计算孔隙度的分布。如图 3-8 所示，孔隙度范围为 10.0%～29.7%。

① 1D＝0.986923×10⁻¹²m²。

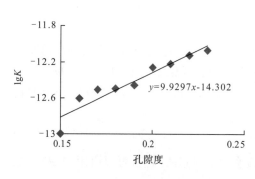

图 3-7 研究区孔隙度和渗透率的相关性

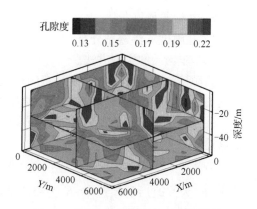

图 3-8 初始孔隙度的空间非均质分布

2）碎屑矿物分布

（1）非均质的实现方法。

碎屑矿物在盆地范围内往往呈非均质分布，表现为在不同的区域具有不同的岩石类型或矿物组分，即使具有相同的岩性和矿物组成，其含量在空间分布上也具有明显的不同。众多学者研究表明，矿物的含量与孔隙度的分布存在着某种关系。Krushin(1997)对大量岩样进行了分类整理，发现页岩岩样的孔喉与封闭能力具有一定的关系，且这种关系与岩石的矿物含量有关。Harrington 等(2009)通过对岩样数据的分析研究，得到岩石中的石英含量与孔隙度之间的回归方程。Yang 和 Aplin(2010)通过对 376 个岩样数据进行分析，发现孔隙度、渗透率与黏土含量具有一定的函数关系，如式(3-10)所示。Chalmers 和 Bustin(2012)通过研究储层的矿物、孔隙度、孔径分布、渗透率、表面积和有机地球化学之间的关系，指出相对于碳酸盐岩或泥岩富集的区域，富含石英的区域拥有更小的表面积和更大的孔隙度，石英和长石总量较多的地方，渗透率通常较大。郭真(1996)基于统计理论，利用接触变质角岩和花岗岩样品，提出了一种强调矿物的空间分布并定量描述岩石结构的方法，该方法能够有效检验矿物分布均一性和随机性范围，以及不同矿物的空间关系。总之，孔隙度、渗透率往往受矿物溶解和沉淀作用的影响，因此，矿物和孔隙度、渗透率通常具有一定的关系：

$$\ln K = -69.59 - 26.79CF + 44.07CF^{0.5} + (-53.61 - 80.03CF + 132.78CF^{0.5})e^{0.5}$$
$$+ (86.61 + 81.91CF - 163.61CF^{0.5})e^{0.5} \tag{3-11}$$

式中，K 为渗透率；e 为孔隙度的函数 $\Phi/(1-\Phi)$；CF 为黏土矿物含量。

本书将矿物分为两类：黏土矿物和非黏土矿物。假设矿物的空间分布服从高斯分布，利用孔隙度和黏土矿含量之间二维联合分布的方法实现黏土矿物的空间非均质分布，如式(3-12)所示，求得黏土矿物的分布之后，再根据高斯分布，实现每种矿物的空间分布（王瑞庆，2008）。

$$\begin{cases} y_1 = \bar{y}_1 + \sigma_{y_1} \eta_1 \\ y_2 = \bar{y}_2 + \rho \sigma_{y_1} \eta_1 + \sigma_{y_2} \sqrt{1-\rho^2} \eta_2 \end{cases} \tag{3-12}$$

式中，y_1 为渗透率空间分布（lognomal）的 normal 分布；$\bar{y}_1$ 为均值；σ_{y_1}、σ_{y_2} 分别为 y_1 和 y_2 的均方差；η_1、η_2 分别为标准正态分布随机量；y_2 为黏土矿物分布；$\bar{y}_2$ 为黏土矿物含量的平均值；ρ 为关联系数。

（2）模型中矿物非均质分布。

鄂尔多斯盆地北部盒 8 段砂岩储层呈大面积毯式分布，有效储集体大部分呈孤立状或条带状分布。研究区的盒 8 段储层物源主要来自北部，在晚白垩纪挤压构造运动时，北缘物质自北向南移动。随着沉积物的运移及地层水的流动，不同的沉积环境或后期构造运动，导致区域上岩石类型不同。受母岩性质的影响，东西部不同地区有不同的矿物类型，储集性能亦不同，西部好于东部。现今的矿物空间展布表明，研究区自北向南，矿物成熟度逐渐增高，西部的石英含量比东部高，普遍大于 60%，长石含量较少（董桂玉，2009）。

通过目的储层的实测数据及成岩序列推测 8 组初始矿物含量，如表 3-4 所示。主要矿物包含石英、方解石、钾长石、钠长石、钙长石、绿泥石、高岭石和伊利石。后 3 种（绿泥石、高岭石和伊利石）为黏土矿物，每一种组合中的黏土矿物总量为 6%～15%，平均值为 10.875%。计算得到黏土矿物总量的修改因子为 0.0332～1.9100，用修改因子乘以平均值，得到黏土矿物总量的空间分布，将其分配给每一种黏土矿物。最后，用矿物总量减去黏土矿物的含量，便是非黏土矿物的总量，再逐一分配给每一种非黏土矿物，每种矿物的修改因子如表 3-4 所示，其中，石英含量波动范围不大，钠长石的含量波动相对较大。最终求得的各个矿物的非均质分布如图 3-9 所示，非均质程度中等。

表 3-4　碎屑矿物含量的范围及非均质修改因子

矿物	含量范围/%	修改因子
石英	50～65	0.8168～1.1680
方解石	3～15	0.1100～2.2392
钾长石	5～10	0.5958～1.4443
钠长石	4～10	0.3023～2.7020
钙长石	2～7	0.5151～1.6948
绿泥石	2～7	0.4866～1.6038
高岭石	2～5	0.3541～1.7101
伊利石	2～5	0.2005～1.6396

地层水是流体与岩石相互作用的综合结果，具有流动性和弥散性，在平面上的分布具有明显差异性。鄂尔多斯盆地北部自山西组至石盒子组，沉积环境为半咸水-淡水环境，下石盒子组储层以沉积成因水为主，盖层以弱动力成藏的残余地层水为主。研究区盒 8 段储层最大产水量为 72.0m³/d，最小为 0.45m³/d（王晓梅，2013），其地层水浓度比我国其他油气田的地层水浓度偏高，大部分矿化度高于 50g/L，水化学类型主要有 $CaCl_2$ 型水和 $NaHCO_3$ 型水。伊盟隆起、苏里格地区的地下水的水化学分析数据表明，不同地区和层位的地下水水化学成分接近，具有同源性。本次研究中基于非均质分布的碎屑矿物，用仅含 NaCl 的咸水进行化学平衡，得到的平衡水作为初始水进行区域模拟。

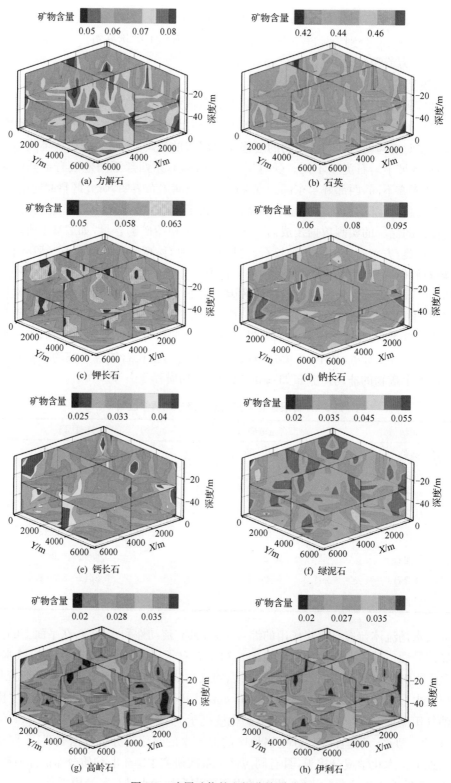

图 3-9　碎屑矿物的空间非均质分布

3. 结果分析与讨论

1) 矿物转化

CO₂从底部进入储层之后，酸化地层水，引发矿物的溶解和沉淀作用。图 3-10 为模拟 10 万年时，模型中各个矿物的体积分数分布图。对比模拟 10 万年时的各矿物含量与模拟前的初始值，可以看出，在本次模拟中整体是以长石类矿物及绿泥石的溶解为主，这几种矿物的含量均因溶解作用而大量降低。钾长石的初始含量为 5％～10％，模拟 10 万年时，其含量范围为 0.1％～6％；钠长石的初始含量为 4％～10％，模拟 10 万年时，其含量范围为 0.1％～5.5％；钙长石的初始含量为 2％～7％，模拟 10 万年时，其含量范围为 0.2％～4％；绿泥石的初始含量为 2％～7％，模拟 10 万年时，其含量范围为 0.1％～3.5％。方解石和石英在部分区域沉淀，部分区域溶解，方解石整体溶解较多，而石英整体

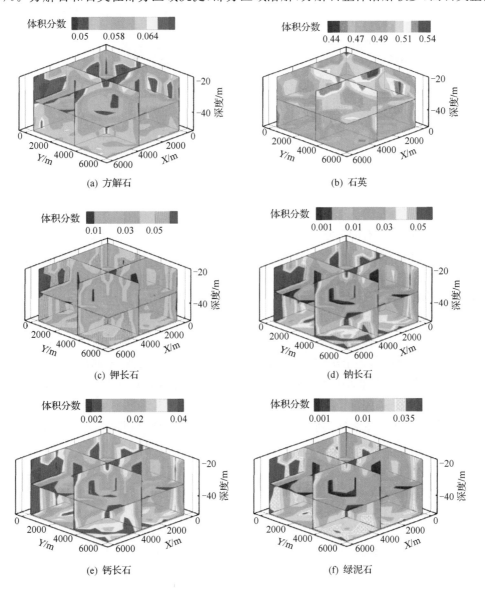

(a) 方解石

(b) 石英

(c) 钾长石

(d) 钠长石

(e) 钙长石

(f) 绿泥石

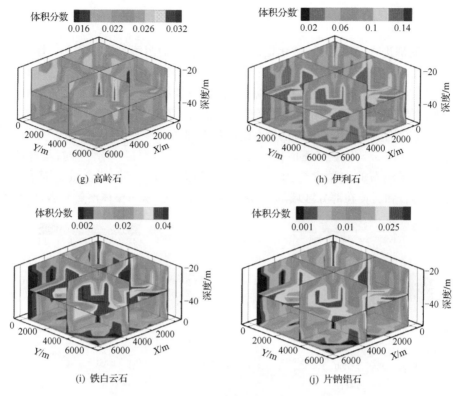

(g) 高岭石   (h) 伊利石

(i) 铁白云石   (j) 片钠铝石

图 3-10   典型矿物的体积分数分布图(10 万年)

沉淀较多。伴随着长石的溶解,矿物发生转化,高岭石和伊利石以沉淀为主,同时生成铁白云石和片钠铝石等次生矿物。虽然矿物的转化形式基本相同,但初始碎屑矿物含量的非均质分布导致区域上水岩化学反应程度的不同,长石类矿物含量较高的地方,溶解作用较强烈,易形成次生孔隙发育带。

    由于矿物的溶解和沉淀受相应离子浓度的影响,而一种离子往往同时存在于多种矿物之中,因此,不同矿物之间通过相同的离子作为纽带,彼此影响。由图 3-14 可以看出,虽然在非均质条件下,各个矿物的分布均表现出较强的非均质性,不同矿物的含量相差较大,但它们具有相似的非均质分布特征,反应较强或较弱的地方一致。例如,X 在 4000～5000m,Y 在 4000～5000m,Z 在 −30m 左右时,水岩化学反应很强,方解石、长石类矿物及绿泥石均发生了大量溶解,其含量降至最低,相应地,在此处伊利石等黏土矿物的沉淀量非常大,铁白云石和片钠铝石也均达到了最大沉淀量,含量分别为 4.0% 和 2.5%。X 在 6000m,Y 在 0m 时,整个 Z 的方向上,水岩化学反应均相对较弱,长石类矿物含量几乎不变,未发生大量溶解,伊利石、铁白云石和片钠铝石的含量非常低。不同矿物表现出的相似的非均质分布特征充分表明了在地球化学系统中,各个矿物之间相互转化的密切联系。

    2) 孔隙度和渗透率

    在均质模型中,CO_2 呈整体向上推进式扩散,而在非均质模型中,初始孔隙度和渗透率的非均质分布导致 CO_2 在区域上呈现不同的运移方式和速率。CO_2 进入储层之后倾向于向孔隙度和渗透率较高的通道运移,因此,在高渗透性的区域平衡状态率先被打破,水岩化学反应程度较大。在一些地方,CO_2 沿着高孔高渗通道很快到达储层顶部发生反应,而在有些地方,CO_2 受低孔低渗的阻挡不能继续向上运移,则沿横向运移,逐渐溶解。

图 3-11 为模拟 10 万年时孔隙度和渗透率的分布图,可以看出,在顶部区域储层的渗透性变差较明显,孔隙度最低降至 7.14%,因为 CO_2 沿着高渗透性通道到达顶部后,积聚在顶部,发生沉淀,导致渗透性变差。

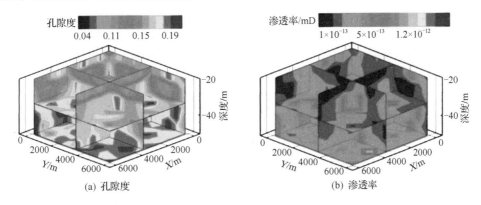

图 3-11 孔隙度和渗透率的分布图(10 万年)

在非均质模型中,初始的孔隙度和渗透率的非均质分布引发水岩反应在各个区域不一致,致使离子浓度等差异变大,进而促进了化学反应的进行。高孔渗性的区域反应强烈,通道越来越顺畅,而低渗透性区域往往是 CO_2 滞留并沉淀的适宜场所,导致渗透性进一步变差。因此,水岩化学作用进一步加强了区域上孔隙度和渗透率的非均质分布。

第四章　非常规储层矿物吸附的分子动力学

分子模拟是根据牛顿运动力学原理发展起来的一种计算机模拟方法。它涉及化学、物理学、数理统计学及计算机等多个学科领域，可以在分子水平级研究一个系统的结构及输运特性。它是一种非常有效的计算机技术，已成为重要的科学研究方法之一。分子模拟基本原理是建立一个多粒子系统，对于符合经典牛顿力学规律的大量粒子系统，通过粒子运动学方程组的数值求解，得出粒子在相空间的运动轨迹和速度分布，然后按照统计物理原理得出该系统相应的宏观热力学及动力学特性，如温度、压强、黏度、扩散系数等。

分子模拟被广泛应用于地质、石油、医药、地球化学、材料科学、环境科学等各个领域。在石油天然气研究方面，人们已开始关注非常规油气资源的勘探与开发，页岩油气、致密砂岩油气、煤层气等非常规油气资源接替成了当今世界油气勘探领域的新热点。由于地质条件的复杂性，非常规油气资源分布具有多类型、多层系的特征，给非常规油气勘探与开发带来一系列的挑战。我国的油田油气勘探发展将出现从宏观研究向微观研究转变，从定性研究向定量研究深入的趋势。要顺从这一趋势，分子模拟技术无疑是最好的研究手段之一，岩石纳米孔隙吸附性能直接影响非常规油气在岩石中的吸附和运移。当岩石孔径处于纳米尺度范围（1～100nm），常规的研究气体、液体和固体相互作用的原理已不再适用，因此要从宏观研究向微观研究转变。在这一转变过程中，蒙特卡罗（Monte Carlo,MC）及分子动力学模拟技术在油田及相关领域中具有很大的应用潜力，将成为油田化学的一大发展方向。近年来，随着计算机技术的迅速发展和计算机模拟技术的逐步成熟，分子模拟作为一种有效而又经济的技术方法，已被广泛应用于油田化学及相关领域。碳酸盐矿物对油气成藏十分重要，其晶体和表面生长一直是矿物研究的重要课题之一，Parker 等（1993a,1993b）利用能量最小化原理模拟了碳酸盐表面结构形态，研究了碳酸盐的形成机理。黏土矿物吸水膨胀是油气勘探开采活动中常遇到的问题，如何防止黏土膨胀是油气钻采作业面临的挑战。天然气水合物（可燃冰）作为未来潜在能源，是地球上尚未开发的最大未知能库。天然气水合物研究是当代地球科学和能源工业发展的一大热点，该研究涉及新一代能源的探查开发、天然气运输、油气管道堵塞等，并有可能对地质学、环境科学和能源工业的发展产生深刻的影响。目前分子动力学模拟已经成功地应用于天然气水合物形成机理的研究中（Zhang et al. ,2008,2012a,2012b；Zhang and pan,2011）。甲烷是天然气水合物的主要成分，因此天然气水合物发现的地方一般都存在油气资源。在致密砂岩油气藏开发过程中，储层微观结构及多尺度配置关系是控制致密砂岩天然气有效传质的核心。天然气分子在纳微尺度空间内的赋存状态以吸附为主，因此，对纳米孔材料中流体分子的扩散、吸附的研究具有重要的理论意义和开采应用价值，Meyer 等（1988）利用分子动力学模拟方法研究了小分子在多孔介质中的扩散。分子模拟方法已发展成为一种重要的研究手段，人们可以从原子、分子的角度对复杂体系进行分析和探讨，增加对系统微观结构的直观了解。该方法能够提供在非常规条件下实验所无法测得的参数,查明油气在黏土矿物中的赋存形式,有利于对油气地质储量做更为准确的评估。模拟油气分子在多孔介质中的吸附、扩散、传输,以及不同石油组分与矿物表面的吸附性能,对于油气开采的研究十分重要。

第一节　分子动力学模拟

分子模拟是指对一个由多分子和原子构成的复杂系统进行的计算机模拟,通过求解系统内相互耦合的粒子运动学方程组得到粒子在相空间的运动轨迹和速度分布,通过粒子的坐标和速度进一步推导宏观的物理化学及输运特性。

为什么需要分子模拟？一个复杂系统由大量的原子和分子组成,不可能找到复杂系统的解析解。分子模拟是用数值方法得到复杂系统的解,可以确定实验无法得到的宏观热力学特性和输运特性,补充了实验数据并填补空白。如 Siepmann 和 Frenkel(1992)、Sieprnann 等(1993)计算了长链烷烃在临界点的特性,由于热分解,实验是很难实现的。他通过拟合低链烷烃实验数据得到分子之间的作用参数,再利用这些参数模拟长链烷烃并成功地预测高烷烃的临界特性。是 Panagiotopoulos(2005)应用分子模拟计算了离子体系纯盐(氯化钠)在临界点附近(高温 3500K)的相行为,如此高温的实验测量是无法实现的。分子模拟是微观与宏观之间,实验和理论之间的桥梁。

一、分子动力学模拟的核心

分子动力学模拟的关键是如何准确表达分子力场这一核心概念。分子力场是原子尺度上的一种势能场。它包括分子内相互作用力场和分子间相互作用力场。一个分子内部的势能函数包括键能(伸缩)、键角弯曲能、扭转运动能和二面角能量;分子之间的势能函数包括静电势能和范德华势能。

二、分子动力学模拟的步骤

分子动力学模拟的步骤如图 4-1 所示。

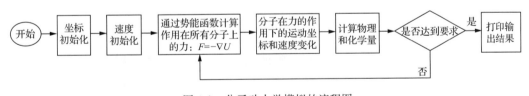

图 4-1　分子动力学模拟的流程图

第二节　蒙特卡罗模拟

蒙特卡罗方法可用来计算经典多粒子体系的平衡特性,这里是指构成系统的各组分之间的相互作用满足经典的牛顿力学方程,这种近似方法可以很好地用于多种材料的研究,只有当原子或者分子的平动、转动或振动频率满足 $h\nu > k_B T$(式中,h 为普朗克常数;ν

为振动频率；k_B 为 Boltzmann 常数；T 为温度）时，才需要考虑其量子效应。在计算机模拟出现之前，实际材料的许多特性是通过近似原理来推断的，如范德华方程用于研究非稀薄气体，玻尔兹曼方程用于描述稀薄气体的输运特性。在完全了解原子、分子之间相互作用的情况下，这些原理可以用于推断材料的特性。但除了简单的分子外，我们对分子间作用的了解是非常局限的，在这种情况下，如果将实验数据与近似原理比较就会出现问题，如果两者出现了不相符，近似原理有可能是错误的。如果希望不去依赖近似原理而是通过模拟得到准确的结果，计算机模拟可以实现这一想法。一方面可以比较模拟结果和实验数据，如果两者出现偏差，说明模型不准确，需要完善，需要调整分子之间的相互作用力；另一方面，也可以比较计算机模拟结果和近似原理所得的结果，如果两者不相符，说明原理有缺陷，需要进一步完善。所以计算机模拟可以检测原理的正确性。

常用的也是最基础的是 NVT 模拟体系（体积 V、温度 T 和粒子数 N 不变的系统），其他体系的模拟是在此基础上发展延伸的。统计力学中配分函数 Q 的表达式为

$$Q = c\int \mathrm{d}p^N \mathrm{d}r^N \exp(-H(r^N, p^N)/k_B T) \tag{4-1}$$

式中，c 为常数；p^N 为 N 个粒子的动量；r^N 为 N 个粒子的坐标；$H(r^N, p^N)$ 是系统的哈密顿函数。$H(r^N, p^N)$ 是孤立系统的总能量，是坐标和动量的函数。$H = K + U$，K 是系统总动能，U 是总势能。

一个系统变量的平均值可以表达为

$$\bar{A} = \frac{\int \mathrm{d}p^N \mathrm{d}r^N A(r^N, p^N)\exp(-H(r^N, p^N)/k_B T)}{\int \mathrm{d}p^N \mathrm{d}r^N \exp(-H(r^N, p^N)/k_B T)} \tag{4-2}$$

式中，$A(r^N, p^N)$ 为系统变量。

因为动能是动量的二次函数，对动量积分后可以得到解析解，所以积分后式(4-2)中被积函数只包括势能 U，即

$$\bar{A} = \frac{\int \mathrm{d}r^N A(r^N)\exp(-U(r^N)/k_B T)}{\int \mathrm{d}r^N \exp(-U(r^N)/k_B T)} \tag{4-3}$$

对于多粒子体系，式(4-3)很难得到解析解，必须借助数值计算来求解。假设在每个坐标有 m 个等距离点，式(4-3)中被积函数有 m^{3N} 个点需要计算（一个粒子有 3 个坐标，$3N$ 是 N 个粒子的总坐标数）。假设系统有 100 个粒子，$m = 5$，式(4-3)中被积函数有 5^{300} 个点需要计算。如果系统粒子数很多，m^{3N} 是个天文数字，计算积分 $\int \mathrm{d}r^N \exp[-U(r^N)/k_B T]$ 是无法实现的。事实上，我们感兴趣的是式(4-3)中分子与分母的比值，而不是配分函数本身。Metropolis 等(1953)开发了有效计算式(4-3)中两项比值的 MC 程序。

一、正则蒙特卡罗方法（NVT）介绍

为了进一步了解 Metropolis 等(1953)的算法，引入变量 Z：

$$Z = \int \mathrm{d}r^N \exp(-U(r^N)/k_\mathrm{B}T) \tag{4-4}$$

式（4-3）中 $\exp(-U(r^N)/k_\mathrm{B}T)$ 与 Z 的比值与系统构形出现 r^N 的几率密度 $\rho(r^N)$ 成正比，设 $\rho(r^N) = \dfrac{\exp(-U(r^N)/k_\mathrm{B}T)}{Z}$。

如果在构形空间生成与 $\rho(r^N)$ 成正比的 L 个微观状态分布，变量 A 的平均值可以表示为

$$\overline{A} = \frac{1}{L}\sum_{i=1}^{L} n_i A(r_i^N) \tag{4-5}$$

式中，n_i 是对应于相空间为 r_i^N 的微观状态数目。

计算步骤如下。

(1) 生成一个 r^N 空间，用 o 来表示，玻尔兹曼因子为 $\exp(-U(o)/k_\mathrm{B}T)$。

(2) 通过尝试改变粒子的坐标，生成一个新的 r^N 空间。用 n 来表示，对应的玻尔兹曼因子为 $\exp(-U(n)/k_\mathrm{B}T)$。

(3) 根据下列条件决定是否接受新的构形空间：如果 $\dfrac{\rho(n)}{\rho(o)} = \exp[-(U(n)-U(o))/k_\mathrm{B}T] < 1$，新的构形空间的接受几率应与 $\exp[-(U(n)-U(o))/k_\mathrm{B}T]$ 成正比；如果 $\exp[-(U(n)-U(o))/k_\mathrm{B}T] \geqslant 1$，新的构形空间的接受几率为 1。

在程序中具体实施如下。

(1) 任意选择一个粒子，计算其与其他粒子之间的作用势能 $U(o)$。

(2) 移动该粒子，计算其与其他粒子之间的新的作用势能 $U(n)$。

(3) 根据下列几率 ρ 接受新的坐标，$\rho = \min\{1, \exp[-(U(n)-U(o))/k_\mathrm{B}T]\}$。

二、巨正则蒙特卡罗方法（μVT）介绍

巨正则蒙特卡罗（grand-canonical Monte Carlo，GCMC）方法主要用于吸附模拟，在该模拟中体积 V、温度 T 和化学势 μ 不变。模拟的系统可以与虚构的一个具有相同温度，但体积无穷大的容器交换粒子数，使各个组分的化学势到达平衡。化学势是通过式（4-6）与压强相联系：

$$\mu = \mu^0 + RT\ln\left(\frac{\phi P}{p^0}\right) \tag{4-6}$$

式中，μ 为化学势；p^0 和 μ^0 为参考点的压强和化学势；P 为离子源的压强；ϕ 为逃逸系数，该系数可以通过状态方程（Peng and Robinson，1976）计算。

在吸附模拟中一般选择比化学势更直观的压强作为变量。采用与正则蒙特卡罗方法相同的思路，可以得出如下针对巨正则体系的计算步骤。

(1) 任意选择一个粒子，计算其与其他粒子之间的作用势能 $U(o)$。

(2) 移动该粒子，计算其与其他粒子之间的新的作用势能 $U(n)$。

(3) 根据下列几率 ρ 接受新的坐标，$\rho = \min\{1, \exp[-(U(n)-U(o))/k_\mathrm{B}T]\}$。

(4) 增加或者消灭一个粒子。

增加一个粒子的几率是

$$\min\left\{1,\frac{V}{\Lambda^3(N+1)}\exp\left[(\mu-U(n+1)+U(n))/k_BT\right]\right\} \tag{4-7}$$

式中，Λ 为 de broglie 波长；n 为粒子数。

消灭一个粒子的几率是

$$\min\left\{1,\frac{\Lambda^3 N}{V}\exp\left[-(\mu+U(n-1)-U(n))/k_BT\right]\right\} \tag{4-8}$$

更详细的蒙特卡罗方法的介绍可以参见文献（Metropolis et al.，1953；Siepmann and Frenkel.，1992；Dubbeldam et al.，2004a，2004b，2008）。在系统达到平衡后，用数理统计的方法计算有关的物理和化学特性。

第三节　分子动力学模拟的应用

一、天然气在 SiO₂ 中的吸附研究

1. SiO₂ 模型建立

通过材料模拟软件（MS）建立 SiO₂ 晶格结构。剪切(1,0,0)表面构建表面积为 $24.55\times27.01\text{Å}^2$[①] 的岩层结构，如图 4-2 所示。

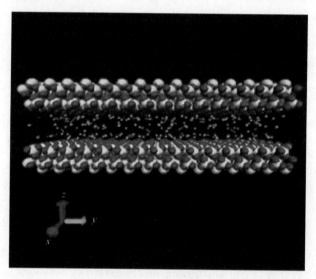

图 4-2　模拟系统
黄色、红色、白色分别代表硅原子、氧原子和氢原子，蓝色代表吸附的天然气

分别建立甲烷，乙烷和丙烷分子模型，然后按照接近天然气的物质的量比（0.92∶0.06∶0.02）组成混合气体，在温度为 310K，压强为 0～15MPa 的条件下，模拟天然气在

---

① 1Å=10⁻¹⁰m。

层间距分别为 1nm、1.5nm 和 2nm 的岩层中的吸附曲线。

2. 模拟结果

图 4-3 是甲烷分子在不同岩层的等温吸附曲线,可以看出吸附量随压力和岩层距离的增大而增加。在压力小于 1MPa 时,岩层距离变化(1~2nm)对甲烷吸附量的影响并不明显;但压力高于 1MPa 时,随着压力的增大,岩层距离对甲烷吸附量的影响也变得越来越大,如压力为 15MPa 时,甲烷在 1nm 的岩层中的吸附量为 2.7mol/kg,在 1.5nm 的岩层中的吸附量为 3.5mol/kg,在 2nm 的岩层中的吸附量增加到 4.1mol/kg。图 4-4 和图 4-5 分别是乙烷和丙烷在不同岩层的等温吸附曲线,在岩层间距的范围为 1~1.5nm 时,间距对乙烷和丙烷吸附量的影响小。压强大于 10MPa 时,乙烷吸附量达到恒定值,压力大于 5MPa 时,丙烷吸附量到达了恒定值。

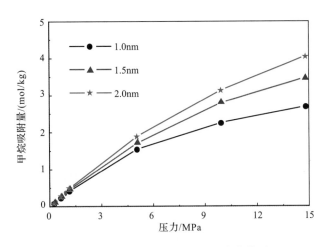

图 4-3 甲烷在不同岩层间隙的吸附曲线对比

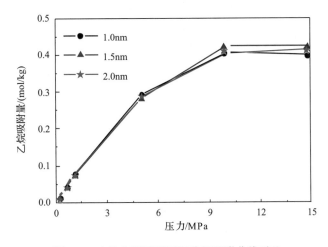

图 4-4 乙烷在不同岩层间隙的吸附曲线对比

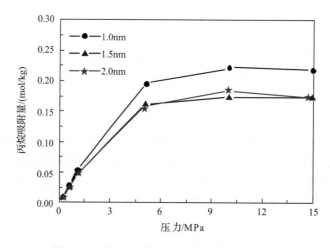

图 4-5　丙烷在不同岩层间隙的吸附曲线对比

图 4-6～图 4-8 分别是吸附态甲烷、乙烷和丙烷在吸附气体中的物质的量比。在压力低于 1MPa 时，甲烷的吸附能力相对下降；压力高于 1MPa 时，随着压强的增大，甲烷的吸附能力上升。而乙烷和丙烷在吸附气体中的物质的量比随着压力的增大而减少。在压力为 1MPa 时，岩层间距为 1nm、1.5nm 和 2nm 对应的吸附态甲烷在吸附相中的物质的量分数分别是 75％、78％、79％，比体相中的物质的量分数分别减少了 18％、15％、14％。张淮浩等（2005）发现在温度为 298K，压力为 3.5MPa 的实验条件下，乙烷和丙烷等气体导致吸附物吸附甲烷的能力降低。

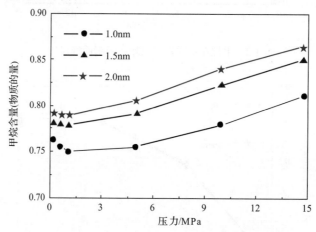

图 4-6　吸附态甲烷在吸附气体中的含量（物质的量）

径向分布函数 $g_{AB}(r)$ 是指在距离原子 A 以 r 为半径的单位厚度球壳层内找到原子 B 的相对几率。径向分布函数常被用来描述某一原子周围其他原子的分布。图 4-9 是吸附态气体中甲烷、乙烷、丙烷与岩层表面氧原子之间的径向分布图。该图表明甲烷与岩层表面氧原子的径向分布函数出现了最大的波峰，表明甲烷与氧原子有较强的相互作用力。乙烷介于甲烷和丙烷之间。丙烷中位于两端的甲基碳原子（—CH$_3$）比中间的亚甲基碳原

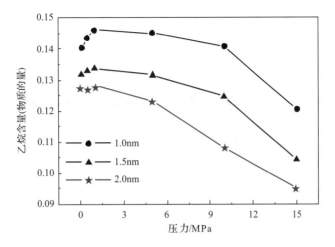

图 4-7 吸附态乙烷在吸附气体中的含量(物质的量)

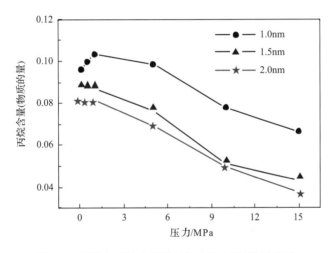

图 4-8 吸附态丙烷在吸附气体中的含量(物质的量)

子(—CH₂—)具有较强的作用力。这一观察结果与分子模型中的作用势能(图 4-10)相符。不同深度的势阱对应不同强度的作用力,最深的势阱对应最强的相互作用力,图 4-10 显示了甲烷具有最深的势阱。

该项研究可以确定天然气在岩层中的吸附能力,为吸附态天然气含量的计算提供依据。在实验中,实验条件的限制及一些主要参数的不确定性给准确评估天然气地质储量带来很大的困难和挑战。因此,借助数值模拟,选择正确的计算方法及评价参数,才能对非常规油气做出更客观、更准确的资源评估。

另外,己烷和苯环在二氧化硅中的吸附模拟实验发现苯环和二氧化硅之间有更强的吸附力。

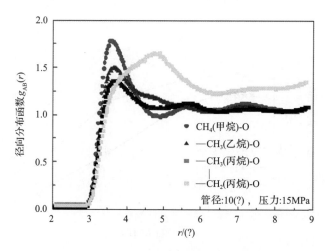

图 4-9　吸附态气体与岩层表面氧原子之间的径向分布

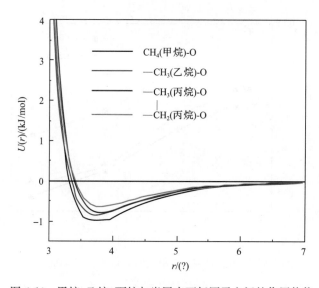

图 4-10　甲烷、乙烷、丙烷与岩层表面氧原子之间的作用势能

二、天然气在 Na-蒙脱石层中的吸附研究

1. Na-蒙脱石模型

页岩含较高比例的黏土矿物,比如带负电荷的像云母层状结构的蒙脱石。带负电荷的蒙脱石层被位于层间的钠或钾等正电离子中和。蒙脱石单胞的化学式是 $M_x^+[Si_aAl_{8-a}](Al_bMg_{4-b})O_{20}(OH)_4$,化学式中 $x=12-a-b$,是蒙脱石层中所带的电荷数,M 代表层间的正电荷。对于 Otay-蒙脱石,$a=8,b=3,x=1$。采用蒙特卡罗方法研究天然气在 Na-蒙脱石中的吸附,该模拟中的 Na-蒙脱石包括 18 个 Otay-蒙脱石单胞,形成表面面积为 $(21.12×18.28)$Å^2 的岩层,单层厚度为 3.28 Å,两层之间的距离为 20 Å。模拟盒子的尺寸为 $(21.12×18.28×26.56)$Å^3。图 4-11 是 Na-Otay 蒙脱石层的结构图。

每个单胞的电荷密度为$-1.0e$,所以 18 个 Otay-蒙脱石单胞所带的电荷为$-18e$,对应的正电荷数为 18。系统含有 $18Na^+$。

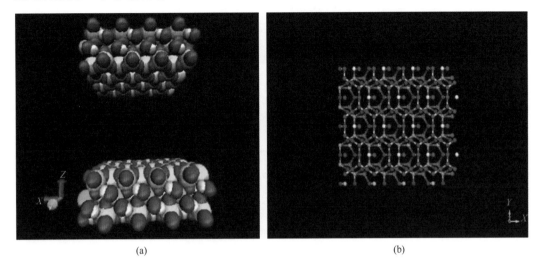

(a) (b)

图 4-11　Na-Otay 蒙脱石层的结构图

(a) 为 Na-蒙脱石层状结构图;(b) 为 Na-蒙脱石层表面结构图

2. 模拟结果

天然气在 Na-蒙脱石层中的吸附如图 4-12 所示。对该结果进行进一步的分析,发现吸附量随着压强的增大而增加。在含水 7.15%(质量百分比)的岩层中吸附量比不含水的岩层的吸附量下降 30%~40%(图 4-13 和图 4-14)。图 4-13 和图 4-14 是天然气中甲烷在含水和不含水的间距为 2nm 的 Na-蒙脱石层中的等温($T=353.5K$)吸附曲线图,吸附量的单位分别是 mol/kg 和 mg/g。

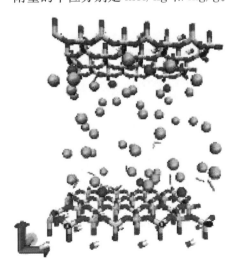

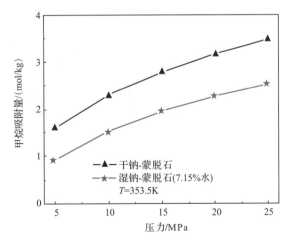

图 4-12　天然气在 Na-蒙脱石层中 吸附示意图

图 4-13　天然气中甲烷在含水和不含水的 Na-蒙脱石层中吸附图

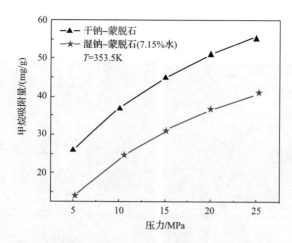

图 4-14　天然气中甲烷在含水和不含水的 Na-蒙脱石层中吸附图

图 4-15 和图 4-16 是天然气中乙烷在含水和不含水的间距为 2 nm 的 Na-蒙脱石层中

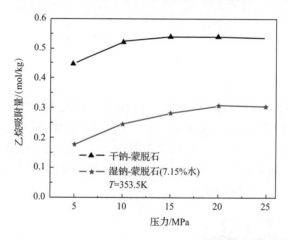

图 4-15　天然气中乙烷在含水和不含水的 Na-蒙脱石层中吸附图

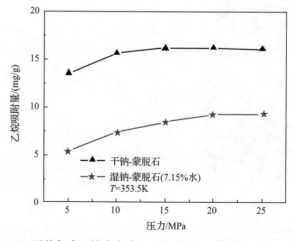

图 4-16　天然气中乙烷在含水和不含水的 Na-蒙脱石层中吸附图

的等温($T=353.5$K)吸附曲线图。压强在 20MPa 以上时,乙烷在含水和不含水的岩层的吸附量均达到恒定值。在含水 7.15%(质量百分比)的岩层中,乙烷吸附量比不含水的岩层的吸附量下降 43%~60%。

图 4-17 和图 4-18 是天然气中丙烷在含水和不含水的间距为 2nm 的 Na-蒙脱石层中的等温($T=353.5$K)吸附曲线图。在不含水的 Na-蒙脱石层丙烷的吸附量随压力的增大而减少,在含水 7.15%(质量百分比)的岩层中丙烷吸附量比不含水的岩层的吸附量下降了 44%~64%。

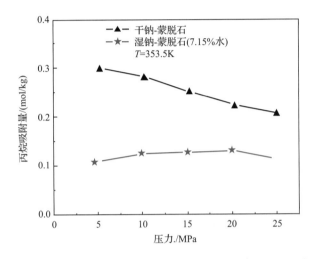

图 4-17　天然气中丙烷在含水和不含水的 Na-蒙脱石层中吸附图

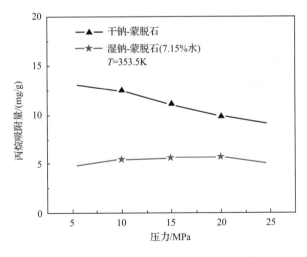

图 4-18　天然气中丙烷在在含水和不含水的 Na-蒙脱石层中吸附图

图 4-19 表明,天然气中甲烷、乙烷、丙烷在含水的 Na-蒙脱石层中吸附量相对于不含水 Na-蒙脱石层减少的百分比分别为 30%~40%、43%~60%、44%~64%。在含水岩层中丙烷吸附量的相对减少量最大,其次是乙烷,甲烷最小。

该项研究可以确定天然气在 Na-蒙脱石层中的吸附能力,为吸附态天然气在含水和

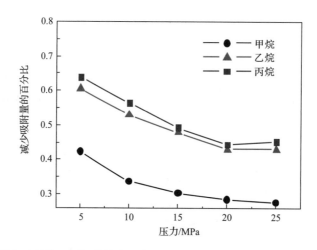

图 4-19 天然气中甲烷、乙烷、丙烷在含水的 Na-蒙脱石层中吸附量相对于干 Na-蒙脱石
减少的百分比

不含水的 Na-蒙脱石中定量计算提供依据。确定了 Na-蒙脱石中水分含量对天然气中甲烷、乙烷、丙烷吸附量的不同影响，可以借助分子数值模拟克服实验条件的限制，给准确评估天然气地质储量提供依据。

图 4-20 二氧化碳与辛烷模拟体系
深蓝色链为辛烷，红色为氧原子，浅蓝色
为二氧化碳中的碳原子

三、二氧化碳在辛烷中的溶解度及其对辛烷膨胀系数的影响

气驱油是提高采收率的一种重要方法，国内外已在实验室和现场进行了相当规模的研究和应用。本研究利用构型偏倚蒙特卡罗模拟方法，在温度为 323K 和 353K、压强为 2～10MPa 的条件下，确定二氧化碳在辛烷中的溶解度及其对辛烷膨胀的影响，定量给出二氧化碳溶解度与辛烷膨胀的线性关系，模拟结果与实验结果相符。该方法可以直接推广到更复杂的气驱油模拟实验中，二氧化碳与辛烷模拟体系如图 4-20 所示。

二氧化碳在辛烷中的溶解度随压强变化的研究结果如图 4-21 所示，该图表明二氧化碳溶解度随压强的增加而增大。亨利定律指出气体在液体中的溶解度与该气体的分压成正比，该模拟结果与亨利定律相吻合。从二氧化碳在辛烷中的溶解度随温度的变化曲线中可以看到（图 4-22），随着温度的升高，二氧化碳在辛烷中的溶解度降低。温度越高，分子运动动能越大，更有利于二氧化碳从辛烷中逃逸，从而减小其溶解度。辛烷密度与二氧化碳在辛烷中的溶解度的研究表明，随着二氧化碳在辛烷中的溶解度增大，辛烷体积膨胀，从而密度降低（图 4-23）。

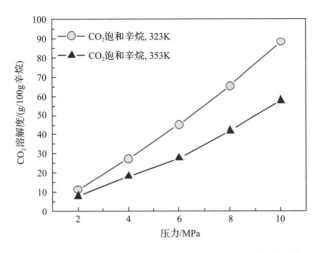

图 4-21　二氧化碳在辛烷中的溶解度随压强的变化曲线

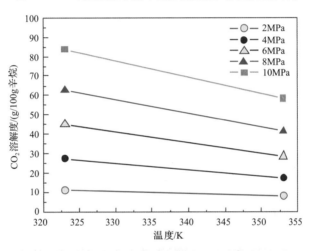

图 4-22　二氧化碳在辛烷中的溶解度随温度的变化曲线

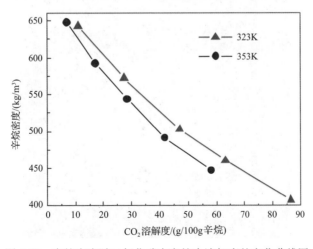

图 4-23　辛烷密度随二氧化碳在辛烷中溶解度的变化曲线图

辛烷的膨胀系数与二氧化碳溶解度的数值研究表明,辛烷的膨胀系数与二氧化碳溶解度呈线性关系(图 4-24),该结果与前人的实验结果吻合(Welker and Dunlop,1963)。

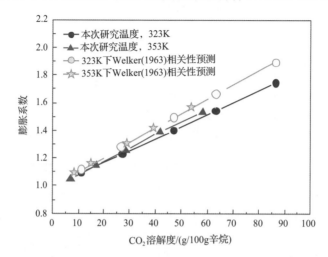

图 4-24　辛烷的膨胀系数与二氧化碳溶解度之间的线性关系:模拟与实验结果比较

四、二氧化碳和甲烷在沸石中的吸附

在温度为 288K、298K、308K、328K,压强为 0~50MPa 的条件下,模拟纯二氧化碳和甲烷在 FAU 沸石中的吸附曲线。

1. 沸石结构及组成成分

FAU 沸石单胞中硅铝原子比为 1.18,对应 88 个铝原子。铝原子代替硅原子而引入的负电荷由钠离子来平衡。FAU 沸石 NaX 的化学组成为 $Na_{88}Al_{88}Si_{104}O_{384}$。立体晶格的边长为 25.099 Å(Olson et al.,1995)。FAU 沸石结构如图 4-25 所示。

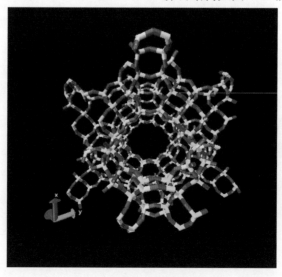

图 4-25　沸石结构

2. 分子模型

把甲烷分子看作一个单原子。二氧化碳分子和甲烷分子与 Na^+ 及沸石中原子间的作用力是由 Lennard-Jones (LJ) 势能和库仑势能来描述的。库仑势能用 Ewald 求和方法来计算二氧化碳分子中 C—O 键长为 1.15Å, 键角势能为 $\frac{1}{2}k_\theta(\theta-\theta_0)^2$, 其中, $k_\theta=$ 1236kJ/(mol·rad²)(Harris and Yung, 1995)。二氧化碳和甲烷分子与沸石的作用主要是由沸石中的氧原子决定, 与 Si 和 Al 的作用通过与氧原子的有效作用参数来体现, 因为 Si 和 Al 的极性低于氧原子的极性。原子之间的 LJ 作用参数参见文献(Calero et al., 2004; Garcia-Perez et al., 2006; Garcia-Sanchez et al., 2009)。

3. 模拟方法

采用巨正则蒙特卡罗算法, 化学势能、体积、温度不变, 允许系统和一个假设的很大的粒子源交换分子。化学势能和压强之间的关系见式(4-6)。有关巨正则蒙特卡罗算法的详细介绍可参见文献 (Dubbeldam et al., 2004a, 2004b)。

沸石被看做是刚体, 它的弹性模量大约是 64GPa, 远远大于甲烷和二氧化碳在体相的弹性模量。沸石中的 Na^+ 可以自由移动, 其运动完全取决于力场, 初始的位置不影响计算结果(Calero et al., 2004; Garcia-Perez et al., 2006)。使用的软件 RASPA 1.0 由 Dubbeldam 等(2008)开发, 立方模拟盒的体积为 (25.099×25.099×25.099)Å³, 并行运算在澳大利亚计算中心 Altix XE Cluster 上进行。

4. 模拟结果

二氧化碳和甲烷的绝对吸附曲线(图 4-26)表明, 压强小于 100kPa 时, 二氧化碳等温吸附曲线表现出强烈的非线性向下凹的趋势, 而甲烷等温吸附曲线与压强呈线性关系, 这反映出二氧化碳和沸石之间的相互作用力强于甲烷和沸石之间的作用力。

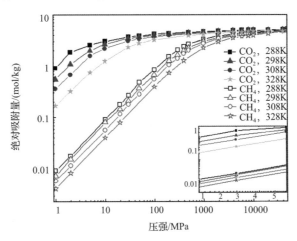

图 4-26 二氧化碳和甲烷的绝对吸附曲线

图 4-27 是甲烷绝对吸附量与甲烷体相密度的关系图。当体相密度低于 2kg/m³ 时, 甲烷绝对吸附量与甲烷体相密度呈线性关系。随着体相密度的增加, 不同温度的等温吸附线越来越接近。当密度很大时, 温度效应可以忽略不计。图 4-28 给出在不同温度时二

氧化碳绝对吸附量与其体相密度的关系,当体相密度低于 100kg/m³ 时,温度的影响比较明显。图 4-29 显示了压强为 100kPa 时,甲烷吸附量与体相密度呈线性关系,吸附量随温度的增加而减小。图 4-30 给出了甲烷绝对吸附量与体相密度的比值随压强变化的关系,当压强大于 4MPa 时,符合 Gurvitsch 定律(Gurvitsch,1915),即吸附相的体积恒定;当压强低于 4MPa 时,在压强给定的情况下,温度越低,吸附到沸石上的体相气体的体积越大。例如,在 100kPa,温度为 288K、298K、308K、328K 时,体积为 26.24m³/t、21.54m³/t、18.19m³/t、13.93m³/t 的体相气体分别吸附到沸石上。同样图 4-30 给出了二氧化碳绝对吸附量与体相密度的比值、压强的关系,观察到的结果跟甲烷的趋势相同,在压强高于 500kPa 时,符合 Gurvitsch 定律。

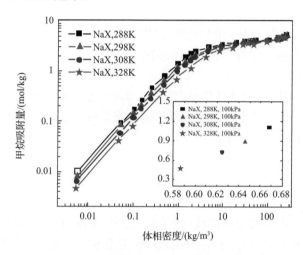

图 4-27　甲烷吸附量与甲烷体相密度的关系图

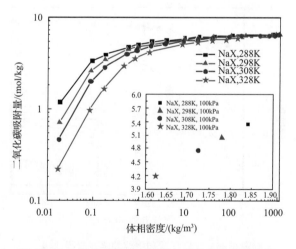

图 4-28　二氧化碳绝对吸附量与其体相密度的关系

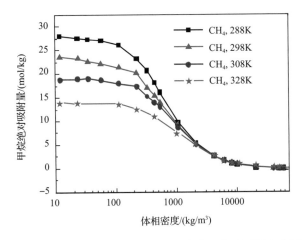

图 4-29　甲烷绝对吸附量与体相密度的比值随压强变化图

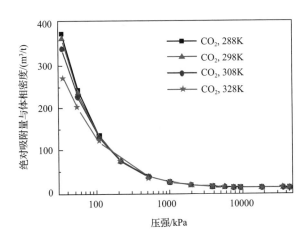

图 4-30　二氧化碳绝对吸附量与体相密度的比值随压强变化图

第五章　油气运聚区段识别

油气运聚区段(Oil migration interval,OMI)算法的目的是通过测井曲线和油显示来判断和预测油气运移路径。该算法基于油气二次运移过程中油气的位置及运移路径由浮力和毛细管压力决定。油气运聚区段算法可通过压力-饱和度分析评价油显示数据。

该算法首先是通过测井曲线中的泥岩含量曲线(正常自然伽马曲线)和孔隙度曲线获取经验参数,从而确定一个连续的毛细管压力曲线;然后通过(高排量的压力区)的毛细管的障碍力来预测所需浮力的大小。本章提出在一个压力域中集合毛细管压力曲线和浮力来预测油气运移路径中的含油饱和度(古含油饱和度)范围。

第一节　油气二次运移机制

油气二次运移是指油气从烃源岩排烃之后的运移过程(Schowalter,1979)。二次运移的通道主要有相互连通的地层孔隙、裂缝,断层、不整合面等,油气运移的主要驱动力是烃类产生的浮力。油气从生油岩孔隙空间到储层岩石孔隙空间,油气的毛细管压力必须克服储集岩孔隙空间的位移的压力。驱替压力 P_d,所需的最小的毛细管压力迫使油气首先进入亲水岩石中的最大连通孔隙。油气只有在浮力可以克服阻力或驱替压力 时才能运移到最渗透性和最小孔隙中。

二次运移通常被认为是油气集中的过程。从厘米到米的尺度上来看,油气是在一个连续的、具有特定规律的孔隙中运移。油气的二次运移发生在低饱和度的情况下,来源于实验室的数据显示,油气在饱和度小于 10%左右的孔隙中聚集(Schowalter,1979),油田资料显示,油气会向含油饱和度小于等于 1%的区域运移(Hirsch and Thompson,1995)。物理模拟(Dembicki and Anderson,1989)和计算机模拟(Carruthers and Ringrose,1998;Sylta et al. ,1998)显示地下油气运移的效率非常高,只会留下几个百分点残余油气饱和度。如果储层载体的质量较好,油气能在一个非常短的地质时间内运移 100 km 以上(Sylta et al. ,1998)。检测古老的油气迁移途径具有一定的难度,但是可试用常规油气显示的方法来确定油气迁移路径,沿着油气运移路径一般会残留少量的低饱和度的油气显示。油气运聚区段算法将立足于解决这些油田油气规模研究中存在的问题。

一、浮力

油气与地层水之间的浮力 P_b 是由储层中油、气、水之间的不同密度所决定的。计算浮力的数学表达式为

$$P_b = P_c = (\rho_w - \rho_{nw})gh \tag{5-1}$$

式中, P_c 为毛细管压力; ρ_w 和 ρ_{nw} 分别为润湿性流体和非润湿性流体的密度; g 为重力加速度; h 为连续油柱高度。润湿性流体和非润湿性流体之间的压力角度差即为浮力梯度,

在一些文献中将 $\Delta \rho g$ 认为是毛细管压力 P_c（图5-1）。

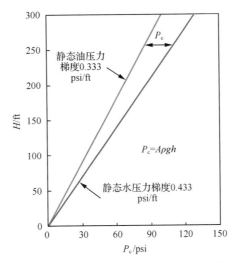

图5-1 稳定条件下储层中由于油、水之间的浮力梯度所差生的毛细管压力

A 为常数；h 为油气聚集区自由水面之上的油柱高度和油气运移的纵向高度；压力梯度计算中

水的密度为 $1g/cm^3$，油的密度为 $0.75g/cm^3$，$1psi=6.89476\times10^3Pa$；$1ft=0.3048m$

二、毛细管压力

储层或隔层中的毛细管压力 P_c 由岩石中的孔喉半径 R、界面张力 σ、油柱和岩石之间的接触角度 θ 或润湿角 Θ 所决定式(5-2)。毛细管压力被定义为油相和水相经过一个弯曲的油水界面所产生的压力差。Berg(1970)和 Schowalter(1979)对毛细管压力也有所讨论。

$$P_c = 2\sigma\cos\Theta/R \qquad\qquad (5-2)$$

驱替压力 P_d 指运移中的油进入岩石时所需要的最小压力(图5-2)，定义为 10% 非润湿性饱和度所需的毛细管压力。一些研究认为驱替压力也是进入压力 P_e。

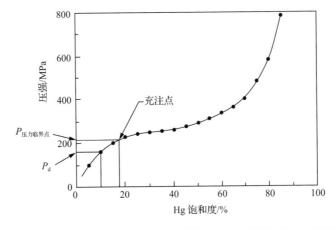

图5-2 汞注入实验所得的毛细管压力曲线所表示的驱替压力和临界压力

临界压力指非润湿性流体形成一个连接和连续的流相经过岩石时所产生的压力。同时也被认为是有效的或突破压力。在相对高孔高渗的储层岩石中,临界压力和驱替压力的值可能相近。

第二节 油柱油饱和度

一、油柱中的油饱和度

储层中的油饱和度与油水系统的毛细管属性和连续油柱所产生的浮力有关。对一个稳定、连续的油柱,如在一个有效的储层中,浮力沿油柱垂向增加,油柱越高,浮力越大。连续油柱所产生的浮力 F_b 可由式(5-1)所得;$F_b = \Delta \rho g H$,$\Delta \rho$ 为浮力梯度,g 为重力加速度,H 为油柱高度。油水系统中的毛细管属性 P_c 与油水界面张力、喉道大小及分布有关式(5-2)。在单一的油水系统中,毛细管属性仅与毛细管半径、喉道大小及几何结构有关。

孔隙度和渗透率由喉道大小、相互连结几何结构控制,并反映了储层的质量:粒度大小、分选性和泥岩含量(Berg,1970;Krumbein 和 Monk,1943;van Baaren,1979)。储层质量由最初的沉积环境和随后的成岩作用控制。储层中毛细管属性的多样性可根据储层质量相应预测。

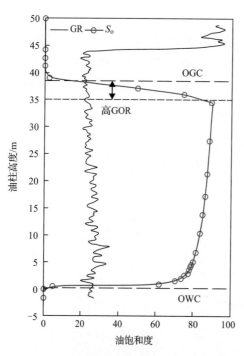

图 5-3 典型均质储层进行注汞实验所得的含油饱和度曲线

该储层的平均渗透率为 1mD,孔隙度为 20%

对于一个均质储层的岩石地层,含油饱和度急剧地从油-水含水量 OWC (oil-water contact)下面的接近零值向上增加到油-气含量(oil-gas contact, OGC)之下的最大值。在气区的含油饱和度将忽然降低至接近零值(图 5-3)。对于一个具有非均质毛细管属性的油气藏,含油饱和度将反映油气藏中浮力和毛细管阻力的相互影响。

气藏通常位于储层的顶部。在气区,含油饱和度降低至接近零值。在一个油柱的顶部,由于相对较高的气-油比(gas-oil ratio, GOR),含油饱和度通常降低至油-气含量之下。同时,相对高的气组分的出现也会使油水界面的张力增加,因此,毛细管阻力也相应地增加(Schowalter,1979)。在油-水含量之下的水区,岩石含量接近 100%,含水和含油饱和度均接近零值。

二、油运移通道中的油饱和度

野外观察和室内试验表明,油运移通常发生在厘米到米尺度且低于毛细管密屏障的闭管道中。因为油气运移通道是开放的系统,油气运移通道中的含油饱和度并没有气顶或往上增加的气-油比。在油气运移通道中的含油饱和度比在有效油气聚集区的含油饱和度要低得多(Schowalter,1979;England et al. ,1987)。因此,含油饱和度可在一个狭隘区间内从零急剧增加到具有上升趋势的饱和度值。最大饱和度通常发生在毛细管隔层之下,该值一般取决于隔层。

油气运移通道中的两种典型的含油饱和度变化如图 5-4 所示。伽马曲线为储层质量的指示器。对于一个向上变粗的储层区间[图 5-4(a)],油气运移被限制于储层顶部,其最大含油饱和度值位于毛细管隔层之下。对于一个向上变细的(储层质量降低)储层区间[图 5-4(b)],含油饱和度由岩石中的毛细管属性和浮力的相互影响决定。最大含油饱和度值位于油气运移通道的中间点。

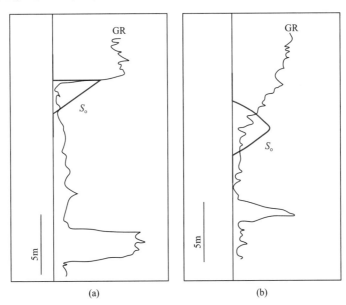

图 5-4 两种假设的油运移通道中的含油饱和度
油运移区间中限制油运移通道的厚度少于 5m

第三节 油气运聚区段原理

一、油气运聚区段算法

油气运聚区段算法基于泥岩含量和孔隙度经验得到孔隙孔径的拟合参数 A_p。在 Wyllie-Rose 渗透率方程中(式 5-3),孔隙、孔径的拟合参数 A_p 取代了束缚水饱和度组分,即

$$K = \frac{P\Phi^Q}{S_{\text{wirr}}^R} \tag{5-3}$$

式中，K 为渗透率，mD；Φ 为小数孔隙度；P、Q 和 R 为常量，$P = 8459$，Q 为 $3 \sim 5$（通常为 4.4），R 约为 2；S_{wirr} 为束缚水饱和度。Wyllie-Rose 经验方程仅对目前含油气储层区间有效，束缚水饱和度可以通过 Archie 方程估算：

$$S_{\text{wirr}} = \left(\frac{a}{\Phi^m} \frac{R_{\text{w}}}{R_{\text{t}}}\right)^{\frac{1}{n}} \tag{5-4}$$

式中，R_{w} 为孔隙水的电阻率；R_{t} 为含水岩石的电阻率；m 为 $1.8 \sim 2.0$。

对于含油或含水的储层，使用传统的测井曲线分析法可计算 S_{wirr}。Liu 和 Eadington (2000) 提出了一种使用孔隙、孔径的拟合参数 A_{p} 取代 S_{wirr} 计算孔隙结构的方法。泥岩含量 V_{sh} 和基于测井曲线得到的孔隙度作为沉积相指示器，从而取代 S_{wirr}。对于一个储层砂岩，束缚水饱和度与泥岩含量 V_{sh} 正相关，但是与孔隙大小 Φ 负相关。因此，孔隙孔径的拟合参数 A_{p} 可以表示为

$$A_{\text{p}} = a\left(\frac{V_{\text{sh}}}{\Phi}\right) + b \tag{5-5}$$

式中，V_{sh} 和 Φ 为小数；a 为 $0.1 \sim 0.2$，b 为干净砂岩的 S_{wirr}（$V_{\text{sh}} = 0$）。例如，在 Vulcan 南部盆地侏罗系储层岩石中，a 为 0.1，b 约为 0.1。

一旦使用孔隙孔径的拟合参数 A_{p} 和 Wyllie-Rose 经验方程得出渗透率曲线，驱替曲线就可以通过 Pittman (1992) 的经验公式计算得到式 (5-6)：

$$P_{\text{d}} = 2\sigma \times 10^{-0.459} K^{-0.5} \Phi^{0.385} \tag{5-6}$$

式中，σ 为油水界面张力；Φ 为孔隙度百分数；P_{d} 单位为 psi；在盐水碳氢化合物体系中，σ 一般为 $15 \sim 35$，平均值为 21dyn①$/\text{cm}$ (Schowater, 1979)。

在一个连续的 P_{d} 曲线中，根据已知或估算的地层水和油密度，最佳的油运移区间可通过相同压力的油水浮力曲线计算的每个深度的不同值来确定。在限定表面里，具有 P_{b}-P_{d} 最大值区间内将发生油气二次运移。综上所述，利用油气运聚区段算法来预测油运移通道的详细过程有以下几个方面。

（1）研究区的测井数据，包括伽马曲线、密度曲线、电阻率曲线、中子孔隙度或声波曲线。

（2）利用 Archie 方程和至少三种测井曲线（伽马曲线、电阻率曲线和孔隙度曲线）计算含水饱和度，并评估研究区间是否是含油或不含油。

（3）如果区间含油（S_{o} 趋向 100%），Wyllie-Rose 方程 [式 (5-3)] 中 S_{w} 可以认为是 S_{wirr}，从而计算渗透率。

（4）如果是区间非含油，需要利用 V_{sh} 和孔隙度曲线估算孔隙孔径的拟合参数 A_{p} 式 (5-4)，进而使用式 (5-3) 计算渗透率。

---

① 1dyn$=10^{-5}$N。

（5）使用渗透率和孔隙度曲线，结合 Pittman（1992）的经验公式［式（5-6）］计算驱替压力曲线 P_d。

（6）在相同的压力下，做出油-水浮力曲线 P_b 和驱替压力曲线 P_d 图，计算差值，该差值可以用来评价油运移的最佳位置。任何有效的油显示数据都可以与油气运聚区间计算的结果做对比。

二、孔隙孔径拟合参数 A_p 的校正

对于一个特定的储层，孔隙孔径拟合参数 A_p［式（5-5）］可以通过两种方法进行校正：①直接与一直的束缚水饱和度比较；②与通过室内岩心测出的渗透率所得出的孔隙孔径拟合参数 A_p 比较。

Jabiru-1A 井的含油区间中的 V_{sh}/Φ 和 S_{wirr} 如图 5-5 所示。使用 Archie 公式［式（5-4）］计算含水饱和度 S_w，该值可认为是该区间的束缚水饱和度。S_w 和 V_{sh}/Φ 具有很好的线性关系，R^2 为 0.77。该结果证实使用 V_{sh}/Φ 得出的孔隙孔径拟合参数 A_p 具有很高的可信度。式（5-3）中 a 和 b 为常量，分别为 0.13 和 0.04。

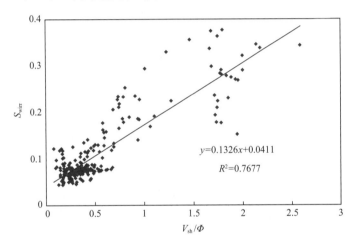

图 5-5 Jabiru-1A 井的含油区间中的 V_{sh}/Φ 和 S_{wirr}

在前期通常打出干井的勘探区，束缚水饱和度数据非常稀缺。估算孔隙孔径拟合参数 A_p 的一个方法就是对比利用渗透率曲线得到的 A_p 和实验室内利用岩心测出的渗透率所得到的 A_p。Tahbilk-1 井两者的比较结果如图 5-6 所示，该结果表明两者具有很好的对应关系。由此也证明了使用 V_{sh} 和孔隙度作为沉积相指示器来计算渗透率是一个有效的方法。式（5-3）中 a 和 b 为常量，分别为 0.1 和 0.05，这两个值与 Jabiru-1A 井的 a 和 b 值相近。

虽然 OMI 算法是一个连续算法，但其并没有声明数据代表页岩和泥岩之间潜在的密封间隔的密封性能。使用连续的测井曲线很方便，这是因为与砂岩相比，页岩的低渗透率导致了泥岩的伪驱替压力比砂岩的伪驱替压力高出若干个数量级。这足以表明封闭表面为运移油气的运移顶部。但并不提倡使用岩石的密封性能来估算最大油柱高度这一方法。

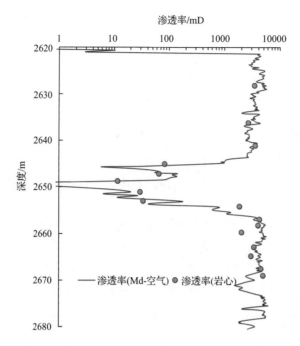

图 5-6　Tahbilk-1 井的渗透率曲线得到的 A_p 和实验室内利用岩心测出的
渗透率所得到的 A_p 比较结果

第四节　Vulcan 次级盆地油气运移研究

本书以澳大利亚帝汶海 Vulcan 次级盆地的油气运移研究为例,使用 OMI 技术方法(Liu and Eadington,2003),解决砂岩储层中由于毛细管现象和流体浮力属性之间相互作用引起的油气运移问题,预测在浮力和毛细管压力作用下两相流体的油气显示强度分布。评估在生油泥岩中油气显示的重要性需要额外的技术(如热成熟度的测量)。反映浮力的油气显示能够表明运移的油气是否来自近源或远源。

一、区域地质

在 Vulcan 次级盆地中,烃源岩为下 Vulcan 组和 Plover 组的侏罗纪页岩(Edwards et al.,2004)。这些页岩在 Swan、Paqualin 和 Cartier 沉积中心是成熟的烃源岩(Kennard et al.,1999)。油气聚集由气柱、油柱和古油柱组成,主要存在中卡洛夫、凡蓝今期、古新世和始新世区域盖层下面的储层(图 5-7;Kivior et al.,2002;Otto et al.,2001)。在 Vulcan 次级盆地中,储层岩石年龄主要为三叠世—早白垩世,主要发育于中期卡洛夫阶面角度不整合下面和在盆地的边缘侏罗纪地层缺失的年轻不整合面。

在许多地区,卡洛夫不整合面上面为砂岩,如 Montara 组,和不整合面之上的第一区域盖层为下 Vulcan 组。Montara 组的砂岩通常为块状并夹有薄层页岩,薄层页岩地层有时形成层内毛细管压力隔层。

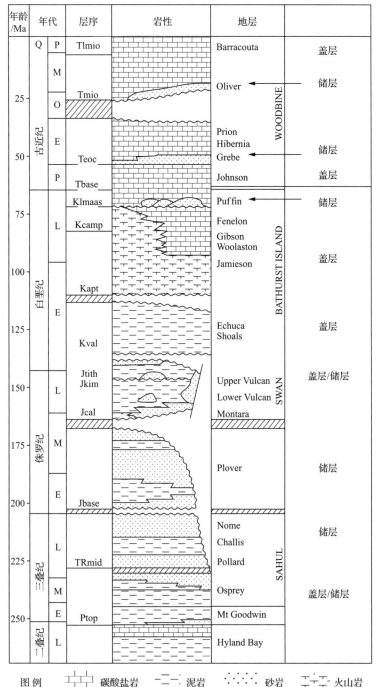

图 5-7 Vulcan 次盆地的地层显示区域盖层和含储层的地层

本书中的测井包括一口气井（Maple-1）和 5 口含水开发井（Birch-1、Champagny-1、Longleat-1、Rainier-1 和 Tancred-1），这些井在卡洛夫和古近纪盖层下面缺乏油层，或认为这些地层已经超出目标深度。来自上白垩纪 Puffin 组储层的两口油井采油（Puffin-2

和 Birch-1)，在这些井中从较老的地层采样，进行较深含水层的油气运移测试。在情况较好的条件下，这些井在 Vulcan 地层底部页岩的下面沿着输导层，可从 Swan 和 Paqualin 沉积中心的生烃灶追踪到 Montara 和 Jabiru 组（图 5-8）。在缺失侏罗纪地层的盆地边缘，输导层位于伊丘卡 Shoals 地层的下白垩统页岩下面。Puffin-2 井的上白垩统岩石的数据表明，该地区的油气具有侏罗系烃源岩地球化学特征（Edwards et al.，2004）。

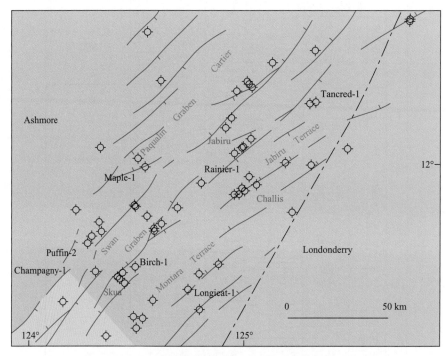

图 5-8　Vulcan 次级盆地的测井、主要构造和构造单元位置

　　区域盖层限制了已知油气和古油气的聚集，也可能限制了油气运移。两套重要的区域盖层分别在 Swan 和 Paqualin 沉积中心的 Vulcan 组下部，与台地和台阶的下白垩统伊丘卡 Shoals 组连接，这些台地和台阶缺失上侏罗统地层。使用来自 Chen et al.（2002）的数据绘制的表面作为标定油气显示方向的基准面。表 5-1 为 7 口勘探井油气显示的统计结果。其中 7 口井有含油包裹体颗粒（grains containing oil inclusion，GOI）的测量结果，5 口井有流体包裹体地层学（fluid inclusion stratigraphy，FIS）测量结果。样品的选择主要根据完井报告的油气显示数据和可采样区进行选取。在油气运移研究中，所有的储层都含水。

表 5-1　7 口井的油气显示强度和古油指标统计（N/A＝不可用）

井名	地层	深度/m	GOI/%	最大值/ppm $m/z = 57$	最大值/ppm $m/z = 97$	常规油气显示
Champagny-1	下 Vulcan 组	3,200～3,480	0.1～4.9	N/A	N/A	
Maple-1	下 Vulcan 组	3,665～3,745	0.1～3.5	N/A	N/A	包裹体
Birch-1	下 Vulcan 组	2,590～2,638	N/A	108	1,880	
	Plover 组	2,638～2,690	0.1～0.3	444	4,850	包裹体

续表

井名	地层	深度/m	GOI/%	最大值/ppm $m/z = 57$	最大值/ppm $m/z = 97$	常规油气显示
	Montara 组	1,938~1,960	N/A	48.3	397	油提取物
Longleat-1	Montara 组	2,100~2,170	0.1~0.3	112.5	1,975	油提取物
	Plover 组	2,283~2,289	N/A	35	505	
Rainier-1	下 Vulcan 组	2,100~2,118	<0.1	50	43	
	Plover 组	2,118~2,200	0.1~0.5	665	3,150	包裹体
Tancred-1	下 Vulcan 组	1,340~1,400	1.7~25	146,700	23,740	油提取物
	Nome 组	1,380~1,400	N/A	1,000	10,400	油提取物
Puffin-2	Bathurst Island 群	2,020~2,120	0.1~49	77,560	18,380	在 2,028~2,033m 采集油样
	Bathurst Island 群	2,300~2,400	N/A	18,960	19,030	
	未划分三叠系	2,440~2,540	N/A	620	596	

注：$1ppm = 10^{-6}$。

二、方法与工作流程

在研究中,使用 Vulcan 次级盆地中 7 口探井的数据(图 5-8)。所选的探井在盆地中连成剖面,并用以下油和古油检测技术进行研究:含油包裹体颗粒 GOI™、FIS、流体包裹体分子组成(molecular composition of inclusions,MCI),以及高效液相色谱法(high performance liquid chromatography,HPLC)对岩心和岩屑中提取油进行分析。

工作流程为:先进行每口井的油气显示数据和测井曲线的收集、整理和评估,从而选出样品的位置。在 OMI 分析中,使用浮力临界压力变量进行多次迭代计算,从而得到与油气显示数据和 OMI 结果数据的最佳拟合。

本书由于没有测井的三维地震资料,在选址中只有二维地震构造图,对于本书目标数据处理方法是有限的。

1. 油气运移区段

在 OMI 技术中(Liu and Eadington,2003),毛细管现象原则通常作为评估油气运移的证据。驱替压力与浮力的运算结果形成低于毛细管阻碍的相对含油饱和度的文件,该结果文件能够与油气显示强度比较(图 5-9)。本次研究的 Jabiru-1A 井显示,地层水中油气的浮力梯度与油层和水层的重复地层测试器(repeat formation tester,RFT)压力梯度有所区别。OMI 方法并没有考虑达西流的影响。

在 OMI 方法中,对测井数据利用渗透率与驱替压力的经验相关性计算得到输导层的毛细管力属性(Pittman,1992)。使用修改后的 Wyllie-Rose 方程计算渗透率曲线（Wyllie and Rose,1950）,在该方程中,使用实际测量的孔隙孔径参数替代束缚水饱和度参数。实际测量的孔隙孔径参数由测井中的泥岩含量 V_{sh} 和孔隙度数据计算得到(Topham et al.,

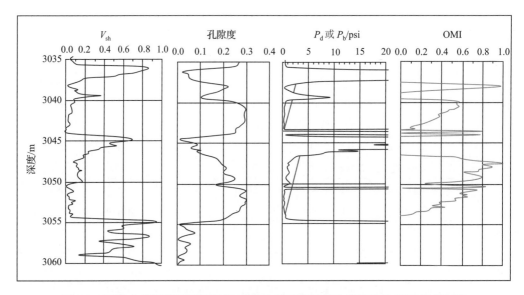

图 5-9 OMI 曲线版图显示根据 V_{sh} 曲线和孔隙度测井曲线推导的 OMI 结果过程

驱替压力 P_d 和浮力压力 P_b 转换为地层水系统的单位为 psi，OMI 结果曲线（P_d-P_b）表明了预期的
相对剩余油饱和度

2003；Liu and Eadington，2003）。在 OMI 方法中，伪驱替压力根据经验相关性从渗透率中得到（Pittman，1992），并且该参数只能在砂岩中使用。OMI 结果显示浮力的过剩压力大于伪驱替压力。

而 OMI 算法计算出一个单一的驱替压力值，给定流体和 P、V、T 条件下的浮力梯度为常数，绝对浮力无法预测。该方法利用浮力梯度和反复变化的大小来获得最合适的测量古油气指标。连续记录伪驱替压力的文件能够获得在封闭地层下的油气运移中一个储层间距近似的相对含油饱和度。

符合 OMI 算法的古油气指标反映了在油气运移中的浮力-毛细管压力效应。有时，在 OMI 配置文件与油气和古油气指标的配置文件之间获取一个合理值是不可能的，这是因为浮力-毛细管压力效应不能完全对非运移的碳氢化合物进行解释。

在 OMI 算法中使用的伪驱替压力为毛细管压力对 10％的含油饱和度的响应，该驱替压力与在储层岩石的流体实验中的突破压力接近（Schowalter，1979；Selle et al.，1993）。通常，砂岩储层的驱替压力小于一磅每平方英寸，而页岩的伪驱替压力为几十或几百磅每平方英寸。

在 Vulcan 次级盆地中，Pittman（1992）的经验关系式计算砂岩储层的伪驱替压力（Topham et al.，2003；Liu and Eadington，2003）与实验测得的注入毛细管压力曲线一致（图 5-10）。

2. GOI 古含油饱和度指标

GOI™（Lisk and Eadington，1994；Eadington et al.，1996）是一个记录含有油气包裹体的石英和长石骨架颗粒数量占颗粒总数的百分比的岩石计数方法。该方法已被产油区油样品的测量结果进行了校正。几个盆地的大量油样品的测量结果表明 GOI 值大于 5％

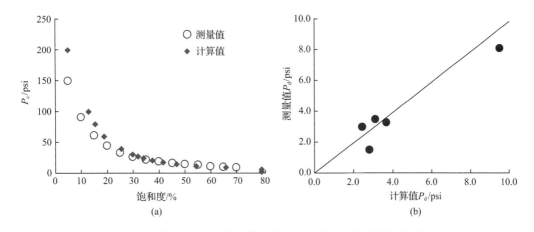

图 5-10 毛细管压力和伪驱替压力的实验结果与测井结果的对比

(a)测井曲线和实验室测量的毛细管压力注入(电脑计算)曲线;(b)测井曲线和实验室测量的驱替压力曲线 P_d 对比

为古油气层的有利证据。在 Vulcan 次级盆地中,Lisk 等(1998)指出现今和古油气层的样品 GOI 值为 3.2%～93.5%[图 5-11(a)],GOI 值小于 0.1% 的样品被认为来自现今和古油气层之下[图 5-11(b)]。Pituri-1 井一个 GOI 值为 2.3% 的样品被认为来自古油水界面(Lisk et al.,1998),GOI 值大于 0.9% 的样品来自距油水界面不到 10m 间隔的地层。样品来自超过所解释的古油水界面 10m 以下,其 GOI 值大于 0.5%(Lisk et al.,1998)。

Lisk 等[1998;图 5-11(b)]指出,油气运移通道的 GOI 值可以与来自现今油水界面和解释的古油水界面之下的样品的 GOI 值相比较,这些样品 GOI 值为 0.1%～1.8%。

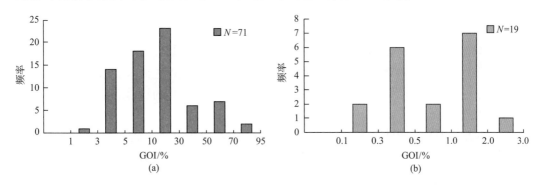

图 5-11 Vulcan 次级盆地样品的 GOI 数值特征(Lisk et al.,1998)

(a)从 Vulcan 次级盆地中采集的现今油层和古油层样品的 GOI 范围值;(b)从水层采集样品的 GOI 范围值

3. 流体包裹体地层学

流体包裹体地层学 FIS 分析(Barclay et al.,2000)就是将经过淘洗的岩样放入样品室进行抽空,通过瞬时机械力把样品破碎而释放出大量的包裹体挥发分,挥发分进入四极质谱仪被离子化,不同质荷比(m/z)的离子碎片被分开且记录下来。质荷比为 2～180 的碎片都可以被记录。本次的流体包裹体研究就是使用美国塔尔萨的流体包裹体技术。离子计数代表油气化合物的液体范围为 C_4^+ 烷烃碎片(质荷比为 57)和烷基化的环烷烃碎片

（质荷比为97）。本次研究中代表其他碎片数据的离子并没有一一列出。FIS的数据可与采油区测井（如Puffin-2）和Vulcan次级盆地的古油面得到的数据进行对比，这些结果数据主要由试井和GOI数据得到（Lisk et al.，1998）。

4. 包裹体的分子组分

George等（1997）提出的包裹体分子组分技术主要用来确定Champagny-1井和Longleat-1井测井中石英颗粒中的油气包裹体的烃化合物组分，包括生物标志物。石英颗粒在粉碎之前进行分类和集中清洗，之后提取油气包裹体。使用高分辨率气相色谱-质谱（gas chromatography-Mass Spectrometer，GC-MS）进行分析。MCI（mass content index）为分析油源、油-油对比和热成熟度评估提供了生物标志物信息。MCI数据为确定油气包裹体的来源提供了帮助。

5. 高效液相色谱法和气相色谱-质谱

用高效液相分析色谱法和气相色谱-质谱分析从岩芯和岩屑样品中的溶剂萃取有机物，从而试图对油气运移进行矢量化。然而，溶剂量过低不能进行解释，这可能反映了样品中的油气在几十年存储的过程中有所散失。岩芯和岩屑样品中的高效液相分析色谱法和气相色谱-质谱分析结果数据没有在书中列出。

6. 油气运移聚集的辨别

由于OMI方法适用于毛细管力和浮力两种情况，该方法不能应用于油气运移路径的确定及油气聚集区识别出油气显示。油气聚集和油气运移路径的一些特征将会在下面进行讨论。

在油气柱中，饱和度在整个间隔中相对较高（一般为60％～90％），具有良好储层的特征。如前面所讨论的，预期在油气运移路径中的含油饱和度小于10％。

预测的油气显示强度可以反映在油气聚集区和油气运移之间含油饱和度的差异。实验测量得出，仅在油层中GOI值大于5％（Lisk and Eadington，1994）、FIS超过50000ppm和15000ppm的质荷比分别为57和97，这种条件下该油层可以认为是一个古油层。

在一个异常油间隔之上存在一个古气藏，其反映油气的聚集而不是油气的运移。这种情况可通过油气显示强度低的油藏顶部的一个间隔反映出来，且在该间隔内OMI的预测值最高。

虽然各种研究预测油气运移将局限于毛细管隔层下面，在薄层的（古）油层也能观察到油气运移，如Bilyara-1井和Pituri-1井（Lisk et al.，1998），但这对油柱高度标准进行定义是没有必要的。

其他地质信息包括研究目的层到区域盖层和构造高点的异常区的距离、圈闭的完整性及在完整报告和发表文章中测井的石油地质解释。

三、集成 OMI、GOI 和 FIS 研究油气运移

1. 复合 OMI 测井曲线版图

图 5-12～图 5-24 为复合 OMI 测井曲线图，包括：①地层名字和边界，以及区域不整合面；②伽马曲线；③伪驱替压力 P_d 曲线（黑色）和浮力 P_b 曲线（粉色）；④正常化的 OMI 曲线（绿色），具有 GOI、FIS、$m/z\ 57$ 或 $m/z\ 97$ 的古油气指示标记（红色杠），以便与剖面

形状进行比较。用于 OMI 运算的单元为压力(浮力与伪驱替压力的压力差),用来代表相对含油饱和度。组合的曲线展示了一个正常化的古油气显示强度和 OMI 结果,用于对不同单元进行补偿。两者的尺度均为 0~1。从岩心和侧壁岩心得到的直接荧光数据也可在图中标出。所有的深度都是直接从转盘测量得到的测井深度。

2. Maple-1 井

Maple-1 井位于 Paqualin Graben 西南部边缘(图 5-12 和图 5-13),钻杆地层测试显示该井在 3719.2~3728m 处产气和冷凝物(图 5-13;BHP Petroleum Ltd,1991[①]),该深度位于三叠纪 Challis 组的储层。气和冷凝物的出现表明了储层在这个深度存在一个有效圈闭。在下 Vulcan 组的页岩的镜质体反射成熟度为 0.6,这对于原位生油来说是不成熟的(BHP Petroleum Ltd,1991;Kennard Ltd et al.,1999[②])。

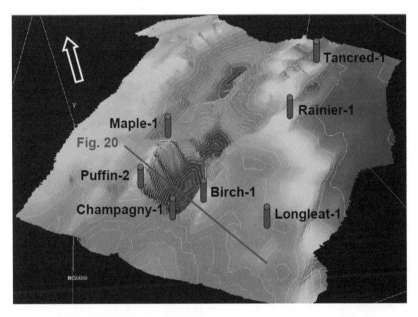

图 5-12 中卡洛夫阶深度图(Plover 组顶部)和 Vulcan 次盆地同时代的表面,显示测井的位置
(Chen et al.,2002)

在下 Vulcan 组底部的储层,除了 3684m 以下部分,其余由低伪驱替压力的薄层砂岩组成。低电阻率表明该隔层含水(图 5-13)。从 3666~3699m 处和 3684~3694m 的水层采样进行 GOI 测量,在这个深度的地层为下 Vulcan 组,位于 3688m 的中期卡洛夫阶区域不整合面之上。用于 GOI 测试的岩屑样品主要来自 3714~3717m 处的含气 Challis 组。

取自 3687~3694m 的六块岩心的 GOI 值为 0.1%~0.7%。其中一个 GOI 值为 3.4% 的上部样品来自 3684~3687m。研究预测在该深度存在最大浮力压力,在该深度下部样品的 GOI 值具有与 OMI 曲线一样的趋势。

① BHP Petroleum Ltd. 1991. Maple-1 well completion report,unpublished.

② Kennard J M,Colwell J B,Edwards D S,et al. 1999. Vulcan Sub-basin well composites CD-ROM. Australian Geological Survey Organization,Catalogue # 25307.

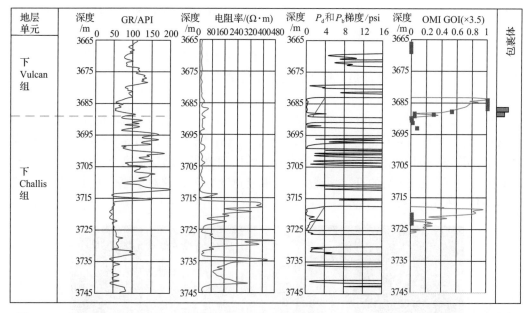

图 5-13　在 Maple-1 井下 Vulcan 组和 Challis 组的边界(3665～3745m)的 OMI 结果和油气显示分布

最大的 GOI 值为 3.5%,超过了取自 Vulcan 次级盆地水层的样品得到的值[5-11(b)],并可与一个来自 Swan-2 井古油层的 GOI 值进行对比(Lisk et al.,1998)。记录的直接荧光数据来自在 3687.7m(20%)和 3688.7m(5%～10%)处取的岩心数据。取自 3666～3669m 和 3714～3717m 处的样品具有小于 0.1% 的 GOI 值。

3. Champagny-1 井

Champagny-1 井位于 Swan Graben,在 3306m 与下 Vulcan 组的储层相交,位于一个中期启莫里阶层内盖层之下。后钻井评价报告评估 Champagny-1 井位于距离构造顶部 2.5km 远和距构造顶部下方 90m 处。对一个由上 Vulcan 和下 Vulcan 组砂岩组成的间隔进行研究,该间隔被上 Vulcan 和下 Vulcan 地层页岩分隔(图 5-14)。

在 3210～3360m,镜质体反射率成熟度为 0.7%～0.75%(图 5-14)。3420～3429m 的样品包裹体分子分析(George et al.,1997,2004)表明,包裹体油具有镜质体反射率成熟度约为 0.85% 的排烃成熟度,这说明其处于中期生油窗。井中包裹体油成熟度高于测量值说明其油气的运移来自更成熟的烃源岩的下倾位置。

在 3210～3240m 处的上 Vulcan 地层砂岩的 GOI 值为 0.5% 和 0.1%,3350～3440m 的下 Vulcan 组砂岩的 GOI 值由 4.9% 减小至 0.1%。在 Champagny-1 井的上 Vulcan 地层和下 Vulcan 地层没有直接荧光。

在采样间隔中没有一个完整的测井曲线能用于 OMI 分析。然而,在输导层顶部的 GOI 值增大,这种现象与古油气的浮力约束一致。

与来自 Vulcan 次级盆地的其他 GOI 值对比,GOI 值为 4.9% 时能够与来自现今和古油层的样品做对比[图 5-11(a)]。由于测井位于构造顶部下方 90m,可能存在一个高度为 90m 的古油气层,这个古油气柱可能有气顶。

在上 Vulcan 组砂岩的 3210m 处的 GOI 值为 0.5%,3210m 处的 GOI 值为 0.1%,这

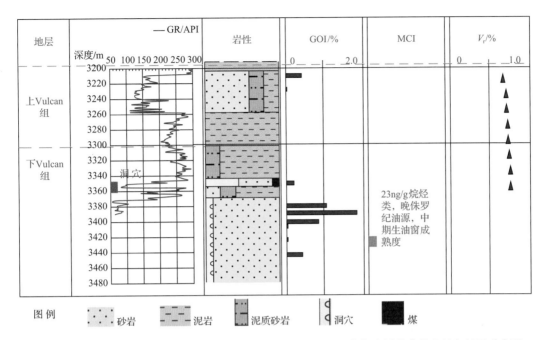

图 5-14　Champagny-1 井上和下 Vulcan 组区段(3200～3480m)的复合测井曲线和油气显示分布图

MCI(mass content index)样品来自 3420～3429m；V_r 为古油气显示强度

与古油层的浮力约束一致，可能是一个油气运移的响应，而不是聚集。与下 Vulcan 组砂岩相比，这个间隔具有一个更高的伽马响应值和更高的泥岩含量(图 5-14)，在这些深度，储层的质量可能会影响油气进入储层。

4. Birch-1 井

Birch-1 井位于盆地边缘并高至 Swan Graben，通过重复地层测试器(RFT)在 2039～2041.5m 的上白垩统 Puffin 组的一段 2.5m 的砂岩间隔回收 43°API 油样 BHP(Petroleum Ltd，1990[①])。该井在 2602～2639m 处的下 Vulcan 组的薄层含水砂岩间隔与 2639m 处的 Plover 组相交，并由一段 2639～2659m 的 20m 砂岩间隔组成，该砂岩间隔覆盖于薄层砂岩和页岩互层之上。在 2602m 处有一个位于下 Vulcan 组页岩底部的区域盖层(图 5-15)。在后钻井评估中，评价 Birch-1 井外封于卡洛夫不整合面处(BHP Petroleum Ltd，1990)。

在最好储层间隔中，孔隙度约为 15%，伪驱替压力少于 2psi。在 2500～2790m 处的下 Vulcan 组和 Plover 组的间隔中，常规油气显示主要从侧壁岩心得到溶剂-切荧光。微弱的直接荧光在 2667.9m 处的侧壁岩心获得。在间隔中相关页岩的镜质体反射率为 0.4%～0.6%，这说明对于原位油气的生成，这些页岩是不成熟的。

在 2639～2690m 处 Plover 组提取的 5 个样品的 GOI 值小于 0.3%(表 5-1；图 5-15)。油气包裹体的存在说明石英颗粒对油气的揭露，但在 OMI 和 GOI 结果中的差异说明油气的浮力约束并不能解释这些数值的变化。

---

① BHP Petroleum Ltd. 1990. Birch-1 well completion report，unpublished.

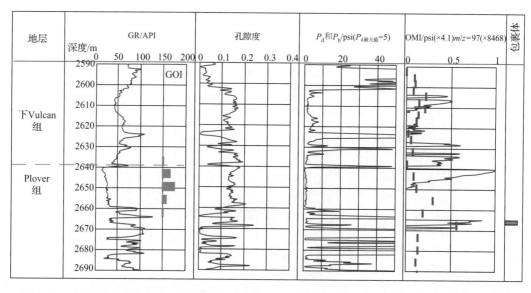

图 5-15　在 Birch-1 井下 Vulcan 组和 Plover 组的边界(2590～2690m)的 OMI 结果和油气显示分布

对从 2590～2690m 区段采集的样品进行测量,这些样品的 FIS 液态烃指标 $m/z=57$ 和 $m/z=97$ 的强度分别为小于 50ppm 和小于 2400ppm。局部的最大值分别出现在 2605m 的下 Vulcan 组砂质间隔顶部和 2655m 的 Plover 组(图 5-15)。与 OMI 相比,在所有区段中,$m/z=57$ 和 $m/z=97$ 的结果逐渐增大至最大值,由于这些区段太长,这种结果不能用浮力和毛细管阻力效应来解释。

一个取自 2666～2669m 处的岩屑样品具有异常升高的 $m/z=57$ 和 $m/z=97$ 强度,这两个值分别为 444ppm 和 4850ppm。这个样品位于薄层砂岩区段,该处的荧光见于一个侧壁岩心中(2667.9m)。这个 $m/z=57$ 和 $m/z=97$ 强度异常高的现象出现在 Plover 组的一个层内盖层下面,可能反应有油气的运移。这个深度区段太薄而不能利用 OMI 对由浮力和毛细管压力效应引起的油气显示强度的一致性进行测试。

5. Longleat-1 井

Longleat-1 井位于 Montara 地层的东部边缘,并接近 Londonderry High,与在 1938m 处的含水 Montara 组储层相交,在下 Vulcan 组区域盖层之下。该井钻在一个有效的构造圈闭上(BHP Petroleum Ltd,1991[①])。Montara 组由几个块状砂岩单元组成,并被层内泥岩分隔(图 5-16 和图 5-17)。储层间隔内的页岩为不成熟的烃源岩,镜质体反射率为 0.4%(BHP Petroleum Ltd,1991)。油提取物主要以凝析油和轻质油化合物为主,这些油提取物来自 1939m、1944m 和 2116m 处的侧壁岩心,这三处均位于下 Vulcan 组区域盖层之下(BHP Petroleum Ltd,1991)。

采自 Montara 组的两个样品 GOI 值小于 0.1%(表 5-1;图 5-17)。在区段的大部分位置,来自 Montara 组和 Plover 组的样品 $m/z=57$ 和 $m/z=97$ 的 FIS 响应小于 100ppm (表 5-1;图 5-16 和图 5-17)。

---

① BHP Petroleum Ltd. 1991. Longleat-1 well completion report, unpublished.

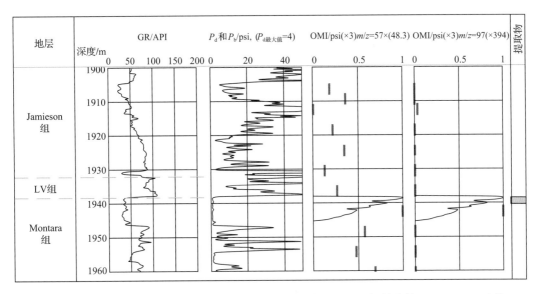

图 5-16　在 Longleat-1 井的 Jamieson 组、下 Vulcan 组和 Montara 组的边界（1900～1960m）的 OMI 结果和油气显示分布

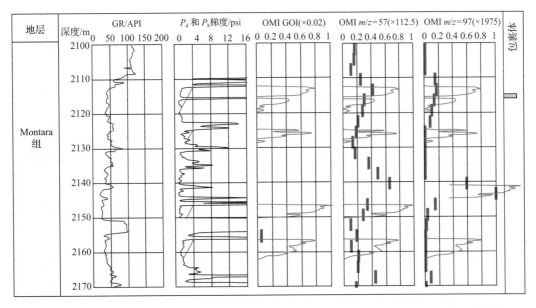

图 5-17　在 Longleat-1 井的下 Montara 组的边界（2100～2170m）的 OMI 结果和油气显示分布

在 1941～1944m，下 Vulcan 组区域盖层之下有一个样品异常，该样品的 $m/z=57$ 和 $m/z=97$ 值分别为 48.3ppm 和 397ppm，结果与 OMI 结果相符。交替样本的测量限制了对测量值和 OMI 结果之间的相关性的测试。在该间隔，油提取物取自 1939m 和 1944m。

在 2141～2144m，存在一个 $m/z=57$ 响应的最大值 1975ppm，该结果与 OMI 结果大多数特征一致（图 5-17），但是偏移 3～6m。如果这个偏移是由于岩屑深度和测井深度之间的不对应引起的，那么该样品的高 $m/z=57$ 响应可以认为是浮力效应的结果。在

2141~2144m 处同样存在一个 $m/z=57$ 响应的最小值 112.5ppm，尽管考虑潜在的偏移，但是该结果并不与 OMI 结果一致。

对取自 2154~2160m 处的 Montara 组的样品进行 MCI 分析表明，包裹体的油气来源于下 Vulcan 组，计算的成熟度可与早期生油窗对应（约 0.7% 镜质体反射率-当量 Ahmed et al. ，2003[①]）。

6. Rainier-1 井

Rainier-1 井位于 Jabiru 组，接近 Challis 油田，在 1655~1674m 处与伊丘卡 Shoals 组相交，覆盖于含水伊丘卡 Shoals 组砂岩、上 Vulcan 组和下 Vulcan 组之上，由一段 463m 的海底扇三角洲砂岩组成（图 5-18；BHP Petroleum Ltd，1988[②]）。在该井中可见下 Vulcan 组页岩。卡洛夫阶不整合面与 Plover 组顶面相交于 2118m。Plover 组由内含层内毛细管隔层的薄层块状砂岩组成。该井被评定为外封（BHP Petroleum Ltd，1988）。

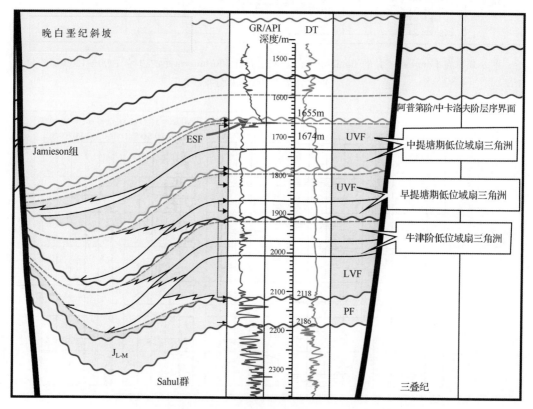

图 5-18 过 Rainier-1 井的地层剖面（O'Brien et al. ，1996）
ESF. 伊丘卡 Shoals 组；PF. Plover 组；LVF. 下 Vulcan 组；UVF. 上 Vulcan 组

① Ahmed M，George S C，Liu K，Volk H，et al. 2003. The geochemical composition of oil trapped in fluid inclusions from Bilyara-1，Champagny-1，Delamere-1，Fagin-1 and Longleat-1 wells，Vulcan Sub-basin，Timor Sea. Austalia petroleum Chemical Research Center（APCRC）and CSIRO Petroleum Confidential Report，unpublished.

② BHP Petroleum Ltd. 1988. Rainier-1 well completion report，unpublished.

滴照和岩屑研碎后,滴照荧光可见于取自伊丘卡 Shoals 组底部 1670m 处的砂岩单元的样品中(BHP Petroleum Ltd,1988a)。淡黄白色的残余环荧光见于下 Vulcan 组和 Plover 组 2120m、2128m、2146m 和 2160m 处的侧壁岩心。在三叠纪 Sahul 群 2300m 处可见占总气体($C_1 \sim nC_4$)体积高达 10% 的异常气体。

为了研究下 Vulcan 组和 Plover 组的油气运移,对间隔 2100~2180m 处的样品进行了 FIS 和一些 GOI 测量,在该区段内可以见到淡残余环荧光。在 2124m 处,$m/z=57$ 和 $m/z=97$ 值分别为 665ppm 和 3150ppm,并与 OMI 的峰值对应(图 5-19)。在 2124m 处,GOI 为 0.5%,在 2169m 和 2174m 处,GOI 值为 0.5% 和 0.1%,与 OMI 值相符。

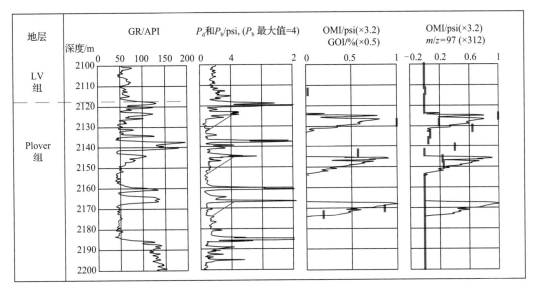

图 5-19 在 Rainier-1 井接近的下 Vulcan 组和 Plover 组边界(2100~2170m)的 OMI 结果和油气显示分布

GOI 数据、FIS 数据和 OMI 结果的强度之间的相关性反映了浮力效应。在缺失厚的盖层的情况下,这些数据可以解释为是由于油气运移发生在薄层层内的毛细管隔层之下引起的。

7. Tancred-1 井

Tancred-1 井钻在 Jabiru 组东北部的一个地垒上,并与含水的下 Vulcan 组相交,在 1347m 处伊丘卡 Shoals 组区域盖层下使用溶剂萃取油样。在 1371.3m 处,下 Vulcan 组直接覆盖于三叠纪 Nome 组之上。这两组地层主要由块状砂岩夹薄层页岩隔层组成。在后钻井评估中,tancred-1 井被评定为钻在一个有效构造上(BHP Petroleum Ltd,1988[①]),距离该构造顶部 1km,40ms 下。

在晚侏罗世下 vulcan 组和晚三叠世下 Nome 组 1347m 和 1414m 之间的三个区段,从测井曲线可以确定为超低含水饱和度,解释为具有残余烃(BHP Petroleum Ltd,1988)。在下 Vulcan 组底部和晚三叠世下 Nome 组上部 1366.5m、1369.5m 和 1413.5m

---

① BHP Petroleum Ltd. 1988. Tancred-1 well completion report,unpublished.

处的侧壁岩心具有适度明亮的直接荧光和分别为 2294ppm、1657ppm、2024ppm 的油萃取物。完井报告地球化学数据表明,提取的油已从油源运移到构造里,因而不同于 Jabiru 的油源(BHP Petroleum Ltd,1988)。

Lisk 等(1998)指出,一个取自下 Vulcan 组 1365～1368m 的样品,其 GOI 值为 1.7%,相邻的一个 1369.5m 样品为 1657ppm 的可溶烃(图 5-20)。Brincat 和 Lisk (2001)[①]研究得出,1347～1380m 区段的 GOI 值为 0.3%～25%,认为在 1365m 和 1380m 之间存在一个古油水界面。在 1347～1371m 区段内,FIS $m/z=57$ 和 $m/z=97$ 最大值分别为 146700ppm 和 23740ppm(表 5-1;图 5-20);这些异常高值可与 Vulcan 次级盆地的现今油层 FIS $m/z=57$ 和 $m/z=97$ 做对比。在储层砂岩顶部之上的 1344～1347m 的样品具有低 GOI 值和低 FIS 值。在三叠纪 Nome 组 1383～1386m 处,$m/z=57$ 和 $m/z=97$ 值分别为 1000ppm 和 10400ppm(图 5-21),该结果符合较低浮力压力的 OMI 结果,说明了油气是运移而不是聚集。这与被限制在油水界面下的层内毛管压力隔层下面的油气运移相一致。

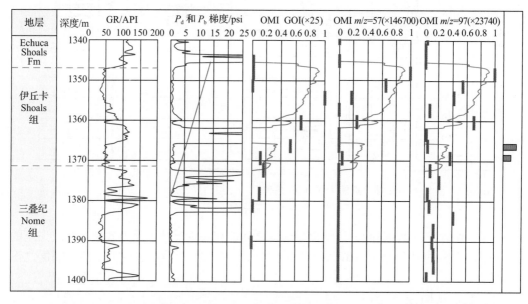

图 5-20 Tancred-1 井晚侏罗系、下 Vulcan 组和三叠纪 Nome 组的区段(1340～1400m)的 OMI 结果和油气显示分布

样品(岩屑)的深度增加了 3m 并与钻井深度和测井曲线相对应

8. Puffin-2 井

井 Puffin-2 位于 Ashmore 台地的东部边缘,接近于 Swan Graben,该井在 2028.4m 至 2033.6m 的 Bathurst Island 群的晚白垩世 Puffin 组砂岩产 48°API 重力油(表 5-1)。大部分第三纪和晚白垩世区段层的侧壁岩心和岩屑可以见到直接荧光。测井曲线分析得

---

① Brincat M P, Lisk M. 2001. Hydrocarbon charge history and trap integrity assessment of Tancred-1, Permit AC/P 24, Vulcan Sub-basin. A report to OMV Pty Ltd, CSIRO Petroleum Confidential Report 01-043, unpublished.

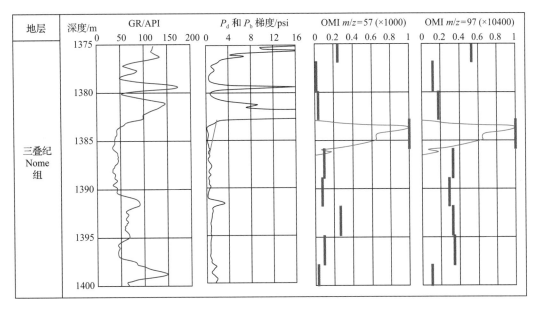

图 5-21　在井 Tancred-1 三叠纪 Nome 组最上面的区段（1375～1400m）的 OMI 结果和油气显示分布
样品（岩屑）深度增加 3m 并与钻井深度和测井曲线相对应

出，在这些区段有残留碳氢化合物的存在。

Bathurst Island 群上部 2028～2033m 采油层的砂岩 $m/z=57$ 和 $m/z=97$ 分别为 77560ppm 和 18380ppm，GOI 值为 49%。在 2069～2075m 的样品 GOI 值为 4% 和 12%，指示了一个古油层的存在（图 5-22）。在 2080～2110m 区段没有样品可用于测量 $m/z=$

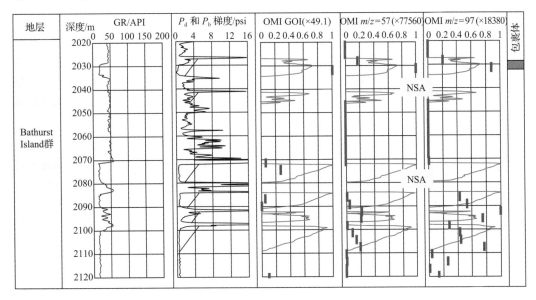

图 5-22　Puffin-2 井中 Bathurst Island 群（2020～2120m）晚白垩世 Puffin 组区段的
OMI 结果和油气显示分布

油样采于 2028.4～2033.6m，在两个短区段内没有样品

57 和 $m/z=97$。在 2119~2122m,GOI 值为 4％,FIS $m/z=57$ 为 15400ppm,$m/z=97$ 为 18380ppm。这些值可与产油层做对比。然而,由于没有 GOI 值,$m/z=57$ 和 $m/z=97$ 的数值不能与 OMI 结果做对比,因此,这些数据作为古油层的证据不足。

Bathurst Island 群中部 2280~2400m,可能在古油层 200m 下面的砂岩可以用来做油气运移的研究(图 5-23)。在 2280~2400m 大部分区段,FIS $m/z=57$ 和 $m/z=97$ 为基线响应。然而,在 2324~2336m,$m/z=57$ 和 $m/z=97$ 分别增大到 18960ppm 和 19030ppm,这些结果与 OMI 结果一致,与古油层相符。

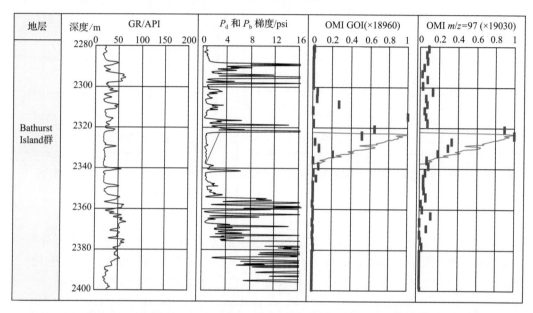

图 5-23 Puffin-2 井中白垩世 Bathurst Island 群(2280~2400m)区段的 OMI 结果和油气显示分布

Bathurst Island 群底部 2400~2540m 处未划分的三叠纪地层由薄层砂岩和页岩组成,并含有碳酸盐岩胶结。伽马曲线的响应一般为低值,但由于胶结作用,孔隙度很少超过 10％(图 5-24)。大多数薄层砂岩具有大于 5psi 的伪驱替压力,这些砂岩层的伪驱替压力超过了在 Vulcan 次级盆地的大多数储层。

相对低的伪驱替压力说明在 2432~2440m 处的多孔区段存在一个潜在的油气运移区段,然而,$m/z=57$ 和 $m/z=97$ 为基线响应。在具有较高伪驱替压力的薄层砂岩和页岩互层,$m/z=57$ 和 $m/z=97$ 分别升高到 620ppm 和 596ppm,在该地区并没有预测到有油气运移。轻微的升高 FIS 反应可能是由不运移的碳氢化合物引起。

四、结果与讨论

OMI 分析能够进行由于浮力和毛细管压力效应引起的现今油气和古油气运移的研究。当浮力大时,可以认为是油气聚集,当低于毛细管阻力的浮力梯度扩展到许多采样位置时,OMI 结果与 GOI 数值有很好的一致性(图 5-13),或 OMI 结果和 FIS 结果有很好的一致性(图 5-20)。说明一个相关性需要在有油气显示的区段内采集多个样品,这有可能不能取到岩屑样品。当浮力小时,可以认为是油气运移,大于毛细管阻力的浮力梯度在

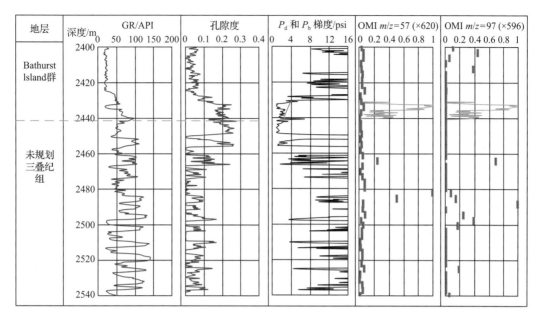

图 5-24 Puffin-2 井晚三叠系和未划分的三叠系(2400～2540m)区段的 OMI 结果和油气显示分布

一个单一岩屑样品的一个区段内可能减小至 0,一个单一的 GOI 高值在毛细管隔层的准确位置的观察对于油气指标的研究是很有限的(图 5-21)。相反,OMI 结果揭示了油气指标没有受到浮力和毛细管作用影响的地区,如 Birch-1 井的 Plover 组(图 5-15)。

因为浮力和毛细管压力作用于油气运移和油气聚集,OMI 计算不能区别这两种过程,但是油气指示能够由一个有盖层顶部或没有盖层顶部的储层里的响应大小得到。在 Rainier-1 井的 Plover 组(图 5-19),缺失区域盖层,存在油气指示的高值和低值,这些值与 OMI 结果一致,说明浮力和毛细管压力效应和反映油气运移的响应。GOI 最大值、$m/z=57$ 和 $m/z=97$ 分别为 0.5%、665ppm 和 3150ppm。这些值均小于在油气产层中的数值。例如,在 Puffin-2 井,油气层指示的 GOI 最大值为 49%,FIS $m/z=57$ 为 77560ppm,FIS $m/z=97$ 为 18380ppm(图 5-22)。

Champagny-1 井和 Maple-1 井的古油气层中,在下 Vulcan 组页岩之下证实了该地层 Swan 和 Paqualin 沉积中心为油气聚集的一个油气盖层,如在 Vulcan 次盆地其他地区一样(Lisk et al.,1998)。

Champagny-1 井中下 Vulcan 组页岩之下的下 Vulcan 组砂岩发现一个古油气层,但并不是在页岩上面的上 Vulcan 组砂岩。一个重要因素可能是上 Vulcan 组的泥质含量和粉砂岩含量比下 Vulcan 组要多(图 5-24),导致了油气运移进入下部地层的储层。

在 Skua 倾向和 Montara 地层,预测在下 Vulcan 组页岩之下的砂岩存在油气运移的证据不足(Birch-1 井)或证据很弱(Longleat-1 井)。中卡洛夫阶平面的垂直等值线建模结果表明,一些测井位于预测的油气运移区域之外(Chen et al.,2002)。在层内的毛细管隔层内发现了油气运移的证据。

在 Birch-1 井、Longleat-1 井和 Rainier-1 井中,GOI 和 FIS 的异常与 OMI 结果一致,这个现象发现于区域盖层之下的 60～450m 区段内的层内毛细管隔层下面。

对 Longleat-1 井的 Montara 组内的一个层内盖层下面的一个样品进行 MCI 分析,发现运移的油气与晚侏罗纪海相页岩具有相似的地球化学特征。

对 Tancred-1 井的 1346~1359m 处的古油层下的层内盖层下面的油气运移进行研究(图 5-20)。在 1383~1386m 的 Nome 组,一个单一的岩屑的 $m/z=57$ 值为 1000ppm,$m/z=97$ 值为 10400ppm,正好在 1383m 处的毛细管隔层下面,这个位置正好是由于浮力约束引起的油气运移或一个油气聚集薄层的预测位置。

对 Puffin-2 井中一个层内盖层下面的油气运移进行研究,该盖层位于来自侏罗纪 Plover 组和下 Vulcan 组页岩的含油气层内。在 Bathurst Island 群的 2322~2338m 处的一个区段内,$m/z=97$ 值为 19030ppm(图 5-23),该值可与在 2027m 处油层的值做比较,并可解释为是一个古油层。

五、结论

在 Vulcan 次级盆地,用 OMI 技术对 GOI 和 FIS 数据进行分析,发现具有许多正相关性的砂岩区段与古油层的响应一致。

在没有区域盖层内发生运移油气的区段,OMI 技术分析结果得出,油气显示强度(FIS 和 GOI 响应)的 GOI 值为 0.5%,FIS $m/z=57$ 为 500ppm,FIS $m/z=97$ 为 3000ppm。油气显示强度小于这些数值的通常与 OMI 结果不一致,以及不是运移的油气。

在 Champagny-1 井、Maple-1 井和 Tancred-1 井内的古油气聚集,这些油气聚集在区域盖层下面,如下 Vulcan 组和伊丘卡 Shoals 组页岩,这种在这些地层下面的储层内的油和古油层的模式也可以在 Vulcan 次级盆地其他地区见到(Lisk et al.,1998),并强调下 Vulcan 组页岩作为油气运移和油气聚集的一个约束面。

在中卡洛夫阶平面的射线路径建模结果表明,主要油气运移通道之外的两口井在下 Vulcan 组下面有油气显示,这个结果与运移的油气(Birch-1 井)或有微弱证据(Longleat-1 井)的油气运移结果不符。

GOI 和 FIS 的异常,通常被认为是运移的油气,发生在 Birch-1 井、Longleat-1 井和 Rainier-1 井上下区域盖层数百米内的层内毛细管隔层下面。对 Longleat-1 井进行 MCI 分析表明,在 Montara 组的层内盖层下面的油气与下 Vulcan 组的烃源岩具有相似的地球化学特性。

第六章　生烃增压模拟研究

目前恢复古压力的方法主要有根据流体包裹体均一温度和流体成分之间的平衡关系来确定古压力和盆地模拟方法。采用流体包裹体只能恢复储层油气充注时的古压力,但对泥岩古压力的恢复却很难实现。盆地模拟方法可以用于恢复泥岩古压力,但由于目前的商业软件中压力模型不是很完善,也很难定量恢复泥岩古压力。如 PetroMod 盆地模拟软件中的超压模型可以表述如下。

沉积物颗粒间有效应力的增加促使孔隙度减小,其表达式为

$$\partial_t \phi = -(1-\phi)C\partial_t u^\sigma \tag{6-1}$$

式中,ϕ 为孔隙度;C 为岩石骨架压缩因子;u^σ 为有效应力。孔隙度的减小是因为孔隙中的流体排出:

$$\partial_i v_i + \partial_t \phi = 0 \tag{6-2}$$

式中,v_i 为孔隙流体的平均流动速率。流体的平均流动速率主要与孔隙流体压力、流体黏度和岩石渗透率有关,因此,可以表示为

$$v_i = \frac{k_{ij}}{\nu}\partial_j u \tag{6-3}$$

式中,k_{ij} 为岩石渗透率;ν 为流体黏度;u 为孔隙流体压力。将式(6-3)和式(6-1)联立就得到孔隙流体压力计算表达式:

$$\partial_i \frac{k_{ij}}{\nu}\partial_j u - C\partial_t u = -C\partial_t u^\sigma \tag{6-4}$$

可见此模型反应孔隙流体压力的计算与岩石渗透率、流体黏度具有密切的关系,而在模拟过程中岩石古渗透率和流体黏度这两个参数都很难获取,而且此模型中没有考虑新的流体注入(如生烃作用)的情况。

BasinMod 软件中生油增压计算表达式为

$$\Delta P = \frac{(1/C_p)(\Delta\rho_o/\rho_o)}{1+(\Delta\rho_o/\rho_o)} \tag{6-5}$$

式中,ΔP 为增加的孔隙流体压力;C_p 为石油压缩系数;ρ_o 为石油密度;$\Delta\rho_o$ 为石油受压之后引起的密度的变化。生气增压方程为

$$\Delta P = 0.5 f_g \Delta N_g KK T \tag{6-6}$$

式中,ΔP 为天然气生成导致的增压;f_g 为天然气分子的自由度;ΔN_g 为天然气的数密度;KK 为 Boltzmann 常数;T 为温度。可见此软件中的生油增压方程认为产生压力的大小只与生油量有关,而与孔隙空间无关,这显然不是很合理;生气增压方程也是只与温度

和天然气量有关,而与孔隙空间无关。基于上述原因,需要对生烃增压方程进行完善。

含油气盆地烃源岩在埋藏过程中由于温度升高可以生成烃类物质,有机质转化成相同质量的油和气是使烃源岩孔隙空间膨胀的过程。因为油和气的密度小于有机质的密度,因此生成的烃类物质体积大于减小的有机质体积。当从烃源岩孔隙空间增加的体积大于由渗漏而减小的体积时便可以产生超压,以下生烃增压方程将基于此原理而建立。

第一节 生烃增压数值模型

一、生油增压数值模型

Ⅰ型干酪根烃源岩生油增压是一个复杂的过程,随着埋藏深度的增加,地层逐渐升高的温度使有机质向烃类转化,从而使烃源岩孔隙流体压力增加。烃源岩有机质丰度、类型、成熟度、岩石孔隙度和渗透率等都是影响生油增压的重要参数。本次建立的生油增压模型采用与正常压实状态下没有烃类生成相比较的方法,并遵循以下原则:①地层为正常压实,没有烃类生成时孔隙流体压力为常压;②油气水共存于烃源岩孔隙中,具有统一的压力系统;③Ⅰ型干酪根烃源岩所生成的天然气均溶解在孔隙水和液态石油中;④干酪根减小的质量和生成石油的质量相同;⑤不考虑孔隙水的热膨胀。在无烃类生成和有烃类生成条件下各取一个相同深度为 Z 的状态点 A 和 B。假设状态点 A 的孔隙流体压力为静水压力 P_h,孔隙水的体积为 V_{w1},孔隙度为 ϕ_1,干酪根的体积为 V_{k1},干酪根的质量为 M_{k1}。状态点 B 的孔隙流体压力为静水压力 $(P_h + \Delta P)$,孔隙水的体积为 V_{w2},干酪根的体积为 V_{k2},干酪根的质量为 M_{k2},生成油的体积为 V_o,油的质量为 M_o,油的密度为 ρ_{o2},干酪根的转化率为 F(泥岩初始孔隙度为 ϕ_0),标准状态下原油密度为 ρ_o,干酪根的原始氢指数为 HI。

由于烃源岩属于正常压实,孔隙度计算采用倒数压实模型:在没有烃类生成的情况下,泥岩孔隙全被水充满,则

$$\phi_1 = V_{w1} \tag{6-7}$$

由于干酪根氢指数是反映烃源岩生烃潜力的一个重要指标,相同有机碳含量而不同氢指数的烃源岩生烃潜力不同。为了表述氢指数对烃源岩生烃的影响,可以令 $A = \mathrm{HI}/1000$,则在状态 B 处生成液态油的质量 M_o 可以写成

$$M_o = AFM_{k1} \tag{6-8}$$

生成的液态油使孔隙流体膨胀将产生一定的超压 ΔP,使孔隙水和干酪根压缩更强烈,压缩后的孔隙水和干酪根的体积分别为

$$V_{w2} = (1 - C_w \Delta P)V_{w1} \tag{6-9}$$

$$V_{k2} = (1 - AF)(1 - C_k \Delta P)V_{k1} \tag{6-10}$$

式中,C_w 和 C_k 分别为水和干酪根的压缩系数。所生成油的体积为减少的干酪根体积和状态 B 相对于状态 A 的水和干酪根被压缩的体积之和。结合式(6-9)和式(6-10)得

$$V_o = C_w \Delta P V_{w1} + AF V_{k1} + (1 - AF) C_k \Delta P V_{k1} \qquad (6\text{-}11)$$

且有

$$V_{k1} = M_{k1} / \rho_{k1} \qquad (6\text{-}12)$$

式中，ρ_{k1} 为状态 A 处干酪根的密度。假设生烃过程中从烃源岩中渗漏出油的质量为 M_1，则存在于烃源岩孔隙中的石油质量为

$$M_2 = M_o - M_1 \qquad (6\text{-}13)$$

式中，M_2 为存在于烃源岩孔隙中的石油质量。为了表述烃源岩对液态油的封闭能力，定义 α 为石油残留系数，其表达式为

$$\alpha = M_2 / M_o \qquad (6\text{-}14)$$

可见 $0 < \alpha \leqslant 1$，是反映烃源岩封闭能力的参数，其大小受烃源岩渗透率的影响，渗透率越低，α 越大，反之越小。则存在于烃源岩孔隙中的石油体积为

$$V_o = \alpha M_o [1 - (P_h + \Delta P) C_o] / \rho_o \qquad (6\text{-}15)$$

式中，C_o 为石油压缩系数。联立式(6-11) 和式(6-15)得

$$\alpha AF M_{k1} [1 - (P_h + \Delta P) C_o] / \rho_o = C_w \Delta P V_{w1} + AF M_{k1} / \rho_{k1} + (1 - AF) C_k \Delta P M_{k1} / \rho_{k1} \qquad (6\text{-}16)$$

干酪根的质量 M_{k1} 是从通过实测 TOC 计算得到，所测值为压实之后的结果，因此，有

$$M_{k1} = M_k \qquad (6\text{-}17)$$

$$\rho_{k1} = \rho_k \qquad (6\text{-}18)$$

将式(6-16)整理得

$$\Delta P = \frac{AF M_k [\alpha D (1 - P_h C_o) - 1]}{C_w V_{w1} \rho_k + (1 - AF) C_k M_k + \alpha AF M_k D C_o} \qquad (6\text{-}19)$$

式中，$D = \rho_k / \rho_o$。此模型考虑了生油过程中水和油的渗漏、氢指数对生油量的影响，以及生油作用产生的超压对孔隙水的压缩和干酪根的压实作用，同时考虑了由于压实作用石油密度的变化。

生油能使烃源岩孔隙流体压力增加，而排油必将导致孔隙流体压力减小。为了建立烃源岩排油后的生油增压模型。假设烃源岩排烃结束时烃源岩的转化率为 $F_{排}$，排油后孔隙流体压力为 $(P_h + \Delta P_{排})$，则残留油的质量为

$$M_{o残留} = V_{o排} \rho_o / [1 - (P_h + \Delta P_{排}) C_o] \qquad (6\text{-}20)$$

式中，$M_{o残留}$ 和 $V_{o排}$ 为烃源岩排油后孔隙中石油的质量和体积；$V_{o排}$ 可以用式(6-11)计算得到。当烃源岩排油结束后，再生油后残留在烃源岩孔隙中石油的质量为

$$M_2 = M_{o残留} + \alpha A M_k (F - F_{排}) \qquad (6\text{-}21)$$

存在于烃源岩孔隙中的石油体积为

$$V_o = [M_{o残留} + \alpha AM_k(F - F_排)][1 - (P_h + \Delta P)C_o]/\rho_o \qquad (6-22)$$

如果排油后烃源岩孔隙度保持不变,则由式(6-11)和式(6-22)得到烃源岩排油后的生油增压计算式为

$$\Delta P = \frac{D[M_{o残留} + \alpha AM_k(F - F_排)](1 - P_hC_o) - AFM_k}{C_wV_{wl}\rho_k + (1 - AF)C_kM_k + DC_o[M_{o残留} + \alpha AM_k(F - F_排)]} \qquad (6-23)$$

但烃源岩排油后使孔隙流体压力降低,上覆地层的压实作用使烃源岩孔隙度减小,减小的孔隙空间为排油前减少的干酪根体积,则排油后石油体积也可以表示为

$$V_o = C_w\Delta PV_{wl} + A(F - F_排)V_{kl} + (1 - AF)C_k\Delta PV_{kl} \qquad (6-24)$$

则由式(6-22)和式(6-24)得烃源岩排油后生油增压计算公式为

$$\Delta P = \frac{D[M_{o残留} + \alpha AM_k(F - F_排)](1 - P_hC_o) - A(F - F_排)M_k}{C_wV_{wl}\rho_k + (1 - AF)C_kM_k + DC_o[M_{o残留} + \alpha AM_k(F - F_排)]} \qquad (6-25)$$

二、生气增压模型建立

Ⅲ型干酪根以生气为主,同时伴生少量的油,如果烃源岩早期生成的油在孔隙中没有排出,则随着烃源岩埋藏深度的增加和地温的升高,达到一定的温度时生成的原油将逐渐裂解成天然气。因此,Ⅲ型干酪根生烃增压是一个复杂过程,包括生油、生气和原油裂解成气三个增压因素。本书建立的生烃增压模型采用与正常压实状态下没有烃类生成相比较的方法,并遵循以下原则:①地层为正常压实,没有烃类生成时孔隙流体压力为常压;②油气水共存于烃源岩孔隙中,具有统一的压力系统;③生烃过程中岩石、有机质和流体的压缩属性不变;④没有烃类生成时孔隙被水充满;⑤干酪根减小的质量与生成烃类的质量相同;⑥不考虑孔隙流体的热膨胀;⑦不考虑油在水中的溶解。建立Ⅲ型干酪根烃源岩生烃增压模型,在无烃类生成和有烃类生成条件下各取一个相同深度为 Z 的状态点 C 和 D。假设状态点 C 的孔隙流体压力为静水压力 P_h(MPa),孔隙水的体积为 V_{wl}(cm³),干酪根的体积为 V_{kl}(cm³);干酪根的质量为 M_k(g);状态点 D 的孔隙流体压力为 $(P_h + P)$(MPa),生成油的体积为 V_o(cm³),油的质量为 M_o(g),生成天然气的质量为 M_g(g)。

由于烃源岩属于正常压实,孔隙度计算采用倒数压实模型:

$$1/\Phi_c = 1/\Phi_0 + KZ \qquad (6-26)$$

式中,Z 为深度,m;K 为压缩因子,取 2.4/1000m(为 Basinmod 软件默认值);Φ_c 为烃源岩在状态 C 处的孔隙度;Φ_0 为烃源岩初始孔隙度。在没有烃类生成的情况下,泥岩孔隙全被水充满,则

$$\Phi_c = V_{wl} \qquad (6-27)$$

在生成油和气的状态下(状态 D),干酪根减小的质量全部转化为烃类,即

$$HIFM_k = M_g + M_o \qquad (6-28)$$

式中,F 为烃源岩转化率,HI[mg(HC)/g(TOC)]为氢指数。烃源岩由于生烃作用将产

生一定的超压 P，使孔隙水和干酪根相对于状态 C 压缩更强烈。

$$\Delta V_{\mathrm{w}} = C_{\mathrm{w}} \Delta P V_{\mathrm{w1}} \qquad (6\text{-}29)$$

$$\Delta V_{\mathrm{k}} = (1 - \mathrm{HIF}) C_{\mathrm{k}} \Delta P V_{\mathrm{k1}} \qquad (6\text{-}30)$$

式中，C_{w} 和 C_{k} 分别为水和干酪根的压缩系数，MPa^{-1}；ΔV_{w}（cm^3）和 ΔV_{k}（cm^3）为生烃作用增加的压力而使孔隙水和干酪根体积的压缩量。生烃过程中干酪根转化为油、气及固体残留物而使烃源岩增加的孔隙空间体积 ΔV_D（cm^3）为

$$\Delta V_D = \frac{M_{\mathrm{g}} + M_{\mathrm{o}}}{\rho_{\mathrm{k}}} \qquad (6\text{-}31)$$

残留在烃源岩孔隙中液态油和气态烃的体积等于减少的干酪根体积和状态 D 相对于状态 C 的水和干酪根被压缩的体积之和。结合式（6-29）、式（6-30）、式（6-31）可得

$$V_{\mathrm{o}} + V_{\mathrm{g}} = C_{\mathrm{w}} P V_{\mathrm{w1}} + (M_{\mathrm{g}} + M_{\mathrm{o}})/\rho_{\mathrm{k}} + (1 - \mathrm{HIF}) C_{\mathrm{k}} P V_{\mathrm{k1}} \qquad (6\text{-}32)$$

由于Ⅲ型干酪根生气的同时伴生少量的油，则液态石油中溶解的天然气的质量为

$$M_{\mathrm{go}} = M_{\mathrm{o}} S_{\mathrm{go}} \qquad (6\text{-}33)$$

式中，S_{go} 为天然气在油中的溶解度；M_{go} 为溶解在油中天然气的质量，g。孔隙水中也会溶解少量的天然气，其质量 M_{gw} 可以表述为

$$M_{\mathrm{gw}} = V_{\mathrm{w1}} \rho_{\mathrm{w}} S_{\mathrm{gw}} \qquad (6\text{-}34)$$

式中，S_{gw} 为天然气在水中的溶解度。则溶解的天然气的质量 M_{gs} 为

$$M_{\mathrm{gs}} = M_{\mathrm{o}} S_{\mathrm{go}} + V_{\mathrm{w1}} \rho_{\mathrm{w}} S_{\mathrm{gw}} \qquad (6\text{-}35)$$

在状态 D 以液态石油存在于烃源岩孔隙空间中的体积为

$$V_{\mathrm{o}} = [1 - (P_{\mathrm{h}} + P) C_{\mathrm{o}}] M_{\mathrm{o}}/\rho_{\mathrm{o}} \qquad (6\text{-}36)$$

式中，C_{o} 为石油的压缩系数，MPa^{-1}；ρ_{o} 为地表处石油密度，$\mathrm{g/cm}^3$。烃源岩生烃过程中天然气可能发生散失，散失的量与烃源岩渗透率、流体驱动力有重要关系。为了表述烃源岩对天然气的封闭能力，定义天然气残留系数 β，则残留在孔隙中天然气的质量为

$$M_{\mathrm{gr}} = \beta (M_{\mathrm{g}} - M_{\mathrm{gs}}) \qquad (6\text{-}37)$$

式中，M_{gr} 为残留在孔隙中天然气的质量，g；β 满足 $0 < \beta \leqslant 1$，是反映烃源岩封闭能力的参数，其大小受烃源岩渗透率的影响，渗透率越低，β 值越大，反之越小，其取值标准还需要进一步探讨研究。

以气态形式存在于烃源岩孔隙中的天然气的质量 M_{gr} 表达式为

$$M_{\mathrm{gr}} = \beta [M_{\mathrm{g}} - M_{\mathrm{o}} S_{\mathrm{go}} - V_{\mathrm{w1}} \rho_{\mathrm{w}} S_{\mathrm{gw}}] \qquad (6\text{-}38)$$

气态形式存在于烃源岩孔隙中的天然气遵守实际气体状态方程：

$$V_{\mathrm{g}} = \frac{P_0 M_{\mathrm{gr}} T_{\mathrm{D}} Z_{\mathrm{D}}}{T_0 \rho_{\mathrm{g}} (P_{\mathrm{h}} + P) Z_0} \qquad (6\text{-}39)$$

式中，ρ_g 为天然气在标准状态下的密度，g/cm^3；P_0 为地表压力，MPa；T_0 为温度，℃；Z_0 为天然气压缩因子（$Z_0 \approx 1$）；T_D 为状态 D 处的温度；Z_D 为状态 D 处的天然气压缩因子。本节压缩因子的计算采用 Standing（Standing and Katz，1942）图版拟合成与温度和压力的关系式得到：

$$Z_D = 0.2173a(P_h + P) + b \tag{6-40}$$

式中，

$$a = 0.0218(T_D/T_c)^2 - 0.1245T_D/T_c + 0.2091 \tag{6-41}$$

$$b = -0.2315(T_D/T_c)^2 + 1.333T_D/T_c - 1.0634 \tag{6-42}$$

其中，T_c 为天然气的临界温度，为 190.4K。如果假设地表温度为 293K，压力为 0.1MPa，压缩系数 $Z_0 = 1$，可以得到天然气体积为

$$V_g = \frac{M_{gr}T_D[0.2173a(P_h + P) + b]}{2930\rho_g(P_h + P)} \tag{6-43}$$

联立式（6-32）、式（6-36）和式（6-43）可得

$$C_w PV_{w1} + \frac{M_g + M_o}{\rho_k} + (1 - HIF)C_k P\frac{M_k}{\rho_k} = [1 - (P_h + P)C_o]\frac{M_o}{\rho_o}$$
$$+ \frac{M_{gr}T_D[0.2173a(P_h + P) + b]}{2930\rho_g(P_h + P)} \tag{6-44}$$

进一步整理得

$$A(P_h + P)^2 - B(P_h + P) - C = 0 \tag{6-45}$$

式中，

$$A = C_w V_{w1} + (1 - HIF)C_k M_{k1}/\rho_k + C_o M_o/\rho_o \tag{6-46}$$

$$B = C_w V_{w1} P_h + (1 - HIF)C_k M_{k1} P_h/\rho_k + 7.416 \times 10^{-5} a M_{gr} T_D/\rho_g - (M_o + M_g)/\rho_k + M_o/\rho_o \tag{6-47}$$

$$C = 3.413 \times 10^{-4} b M_{gr} T_D/\rho_g \tag{6-48}$$

求解方程式（6-44）就得到Ⅲ型干酪根生烃增压表达式：

$$P = \frac{B + \sqrt{B^2 + 4AC}}{2A} - P_h \tag{6-49}$$

烃源岩生烃增压是高密度的干酪根转化成低密度的油和气，从而使孔隙流体发生膨胀的结果，但当烃源岩内部孔隙流体压力达到岩石破裂压力或发生构造运动时，流体从烃源岩中排出将导致孔隙流体压力降低。假设烃源岩排烃结束时孔隙流体超压为 ΔP_{exp}（MPa），如果排烃后烃源岩孔隙度保持不变，则排烃后残留在孔隙中的天然气和油的体积分别为

$$V_{g1} = \frac{M_{gr}T_D[0.2173a(P_h + P_x) + b]}{2930\rho_g(P_h + P_x)} \tag{6-50}$$

$$V_{ol} = [1 - (P_h + P_x)C_o]M_o/\rho_o \tag{6-51}$$

式中，V_{gl} 和 V_{ol} 分别为烃源岩排烃结束时残留天然气和油的体积，cm^3；P_{exp} 为排烃前孔隙流体超压，MPa。排烃后残留在孔隙中的天然气质量为

$$M_{gl} = V_{gl}T_0\rho_g(P_h + P_{exp})/P_0 T_D Z_D \tag{6-52}$$

式中，M_{gl} 为排烃后残留在孔隙中的天然气的质量，g。由式(6-51)和式(6-52)可得

$$M_{gl} = M_{gr}(P_h + P_{exp})/(P_h + P_x) \tag{6-53}$$

排烃后残留在孔隙中的石油的质量 M_{ol} 为

$$M_{ol} = V_{ol}\rho_o/[1 - (P_h + P_{exp})C_o] \tag{6-54}$$

由式(6-51)和(6-55)可得

$$M_{ol} = M_o[1 - (P_h + P_x)C_o]/[1 - (P_h + P_{exp})C_o] \tag{6-55}$$

随着烃源岩继续埋藏，烃源岩再生烃使孔隙压力增加。烃源岩中残留的油和气的质量可以表达为

$$M_{o2} = (M'_o - M_o) + M_{ol} \tag{6-56}$$

$$M_{g2} = \beta[(M'_g - M_g) - (M'_o - M_o)S_{go} - V_{wl}\rho_w S_{gw}] + M_{gl} \tag{6-57}$$

式中，M_{o2} 和 M_{g2} 分别为烃源岩排烃后孔隙中油和天然气的质量，g；M'_o 和 M'_g 分别为烃源岩排烃后生成油和气的质量，g。则烃源岩排烃后孔隙中油和天然气的体积分别为

$$V_{o2} = [1 - (P_h + P')C_o]M_{o2}/\rho_o \tag{6-58}$$

$$V_{g2} = \frac{M_{g2}T_D[0.2173a(P_h + P') + b]}{2930\rho_g(P_h + P')} \tag{6-59}$$

排烃后孔隙中油和天然气的总体积为

$$V_{o2} + V_{g2} = C_w P'V_{wl} + (M'_g + M'_o)/\rho_k + (1 - \text{HIF})C_k P'V_{kl} \tag{6-60}$$

由式(6-58)，式(6-59)和式(6-60)得到

$$A'(P_h + P')^2 - B'(P_h + P') - C' = 0 \tag{6-61}$$

式中，

$$A' = C_w V_{wl} + (1 - \text{HIF})C_k M_{kl}/\rho_k + C_o M'_o/\rho_o \tag{6-62}$$

$$\begin{aligned} B' = &C_w V_{wl}P_h + (1 - \text{HIF})C_k M_{kl}P_h/\rho_k + 7.416 \times 10^{-5}aM_{g2}T_D/\rho_g \\ &- (M'_o + M'_g)/\rho_k + M'_o/\rho_o \end{aligned} \tag{6-63}$$

$$C' = 3.413 \times 10^{-4}bM_{g2}T_D/\rho_g \tag{6-64}$$

可以得到烃源岩排烃后生烃增压方程为

$$P' = \frac{B' + \sqrt{B'^2 + 4A'C'}}{2A'} - P_h \tag{6-65}$$

如果排烃后上覆地层的压实作用将导致孔隙度减小，假设减小的孔隙空间为干酪根减少的体积，则

$$V_{o1} + V_{g1} = C_w P_{exp} V_{w1} + (1 - HIF) C_k P_{exp} V_{k1} \tag{6-66}$$

如果烃源岩的成熟度达到 2.0%，孔隙中的原油全部裂解成天然气，孔隙空间被天然气和水充满，则

$$V_{g1} = C_w P_{exp} V_{w1} + (1 - HIF) C_k P_{exp} V_{k1} \tag{6-67}$$

$$V_{o1} = 0 \tag{6-68}$$

如果烃源岩在排烃后成熟度小于 2.0%，则认为孔隙空间被油和水充满，因为天然气比油更容易排出，而且由于干酪根和水的压缩性都不是很强，排烃结束时烃源岩不可能再保持比较高的超压，排烃后由孔隙流体超压所支撑的烃源岩的增加孔隙空间也很小，经计算一般小于孔隙空间的 1%。所以可以得

$$V_{g1} = 0 \tag{6-69}$$

$$V_{o1} = C_w P_{exp} V_{w1} + (1 - HIF) C_k P_{exp} V_{k1} \tag{6-70}$$

烃源岩排烃结束时残留的天然气和油的质量可以通过式(6-52)和式(6-54)计算得到，排烃后残留的天然气和油的质量可以通过式(6-56)和式(6-57)计算得到，残留的天然气和油体积可以利用式(6-58)和式(6-59)计算得到。残留的天然气和油体积之和为

$$V_{o2} + V_{g2} = C_w P' V_{w1} + [(M'_g + M'_o) - (M_g + M_o)]/\rho_k + (1 - HIF) C_k P' V_{k1} \tag{6-71}$$

结合式(6-58)、式(6-59)和式(6-71)，也可以得到

$$A'(P_h + P')^2 - B'(P_h + P') - C' = 0 \tag{6-72}$$

式中，A' 和 C' 分别与式(6-72)和式(6-64)相同。

$$B' = C_w V_{w1} P_h + (1 - HIF) C_k M_{k1} P_h/\rho_k + 7.416 \times 10^{-5} a M_{g2} T_D/\rho_g \\ - [(M'_g + M'_o) - (M_g + M_o)]/\rho_k + M'_o/\rho_o \tag{6-73}$$

得到烃源岩排烃后生烃增压方程为

$$P' = \frac{B' + \sqrt{B'^2 + 4A'C'}}{2A'} - P_h \tag{6-74}$$

第二节　渤海湾盆地东营凹陷生油增压定量化评价

一、渤海湾盆地东营凹陷地质概况

东营凹陷位于济阳拗陷东南部，为济阳拗陷的一个次级构造单元(图 6-1)，东西长度大约为 90km，南北宽度为 65km，面积约为 5700km²，是我国油气资源丰度最大、勘探程

度高的地区之一。凹陷东接青坨子凸起,南部地层与鲁西隆起、广绕凸起呈超覆接触,西与惠民凹陷毗邻,北以滨县凸起和陈家庄凸起为界,是一个四周为隆起环绕的晚白垩世—古近纪时期的断-拗复合盆地,古近纪以后属于华北近海拗陷盆地的一部分,不再构成独立盆地。从伸展构造角度来看,它是陈南断裂上盘的倾斜半地堑盆地(图 6-1)。该凹陷是在印支运动时期区域隆起背景上、由走向近东西的陈南大型铲式扇形正断层之上盘发育形成的、以半地堑构造样式为基本特征的箕状盆地,具有北断南超、北陡南缓的构造特点(图 6-2)。

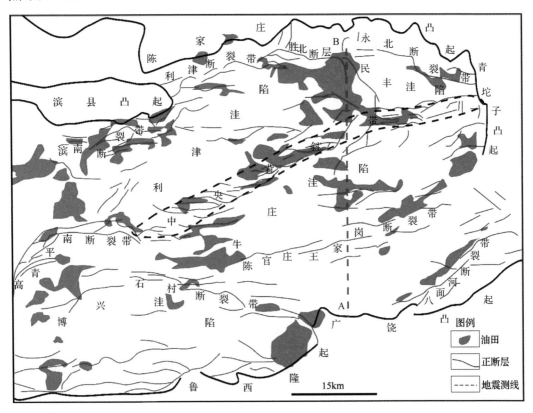

图 6-1 东营凹陷构造单元划分、断层及油田分布图

　　东营凹陷是一个北断南超、东陡西缓的半地堑式断陷盆地。平面上可划分为北部陡坡带、利津洼陷、民丰洼陷、中央背斜带、牛庄洼陷、博兴洼陷和南部缓坡带七个二级构造单元(图 6-1)。根据构造及成因特点,可划分为北部陡坡带、中央背斜带、洼陷带和南部缓坡带四个构造带,不同构造带发育的断层特征有所不同。本章所指东营凹陷北带是东营中央背斜以北的广大地区,南北宽度为 42km,东西长度为 90km,面积约为 3600km²。该区油气资源丰富,是东营凹陷最主要油气聚集区。沙四上亚段、沙三下亚段和中亚段是该区主要的生油层系。沙四上亚段烃源岩岩性以灰色、深灰色、灰褐色灰质泥岩、泥灰岩及钙片油页岩为主,夹有少量碳酸盐岩和粉砂岩,呈韵律层分布,属半咸水-咸水较深湖-深湖相沉积。沙四上亚段烃源岩 TOC 介于 1%~5%,有机质的类型以 Ⅰ 型和 Ⅱ₁ 为主。沙三下亚段主要为深灰色泥岩,厚度 200~300m,TOC 为 3.0%~5.0%,有机质类型主

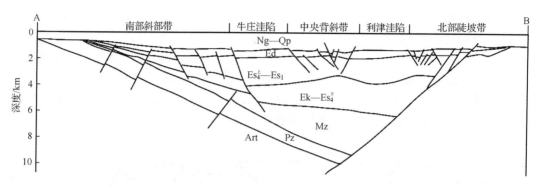

图 6-2　东营凹陷剖面 AB 地质模型

要为Ⅰ型。沙三中亚段主要为深灰色泥岩，TOC 介于 1.0%～2.5%，有机质类型以Ⅰ型
Ⅱ₁型为主。自下而上共形成 14 套储集层，前古近系主要有太古界泰山群、古生界寒武
系、奥陶系、石炭系—二叠系、中生界；古近系有孔二段、孔一段、沙四段、沙三段、沙二段、
沙一段、东营组；新近系为馆陶组、明化镇组。前古近系储集层主要为太古界花岗片麻岩，
古生界碳酸盐岩，中生界砂、砾岩；古近系储集层可大致分为三角洲砂岩体、扇三角洲砂砾
岩体、低位扇砂砾岩体、湖滨滩坝砂体、湖相碳酸盐岩、河流相砂岩体及冲积、洪积砂、砾岩
体等。新近系储集层岩性多为河流相砂、砾岩，部分为冲积、洪积砂、砾岩体及席状砂体。
含油层系多，具有多种类型的圈闭和油气藏特征。所发现的油气藏包括有构造油气藏、地
层油气藏和复合油气藏。

二、东营凹陷超压特征

含油气盆地中现今地压场特征分析对油气运移和成藏动力学研究具有重要作用。东
营凹陷是济阳拗陷中一个典型的超压单元，超压系统主要发育在始新统沙三段和沙四段，
而孔店组、沙二段、沙一段、东营组、馆陶组和明化镇组均为正常压力系统。因此，东营凹
陷具有上部（沙二段、沙一段、东营组、馆陶组和明化镇组）常压系统、中部（沙三段和沙四
段）超压系统和下部（孔店组）常压系统的特征。

（一）砂岩实测压力特征

对于渗透性比较好的砂岩，实测地层压力如钻杆测试 DST（drill stem testing）、RFT
（repeat formation tester）和模块式地层动态测试 MDT（the modular formation dynamics
tester）资料是用来反映超压信息最可靠的证据。东营凹陷是高勘探程度地区，已钻探井
2000 多口，大量的实测压力资料可以很好地反映砂岩异常高压特征。试油结果显示，在
东营凹陷北带已有的探井中，有 330 多口井存在异常高压（实测压力系数＞1.2）。本节将
利用从中国石油化工股份有限公司（简称中石化）胜利油田分公司收集的 1109 个实测地
层压力（DST）资料分析东营凹陷北带砂岩超压特征。

实测地层压力资料显示，东营凹陷北带超压段包括有始新统沙三段和沙四段，其特征
和整个东营凹陷具有一定相似性。沙三段 321 个实测压力数据反映超压开始出现的深度
大约为 2000m，对应的温度大约为 85℃（图 6-3）。超压出现的深度范围为 2000～3600m，

压力系数变化范围为 0.9～1.99。在超压段不同深度的最大压力系数似乎具有随着深度增加而增大的特征。深度大约在 2400m 处,最大压力系数为 1.4;深度大约在 2400m 处,最大压力系数接近 1.6;压力系数大于 1.8 的点出现在 3000m 以下;在深度为 3310m 处,压力系数达到最大,为 1.99。东营凹陷北带沙三段 149 个实测温度数据显示,现今的地温梯度大约为 3.47℃/100m,地表温度大约为 15℃。

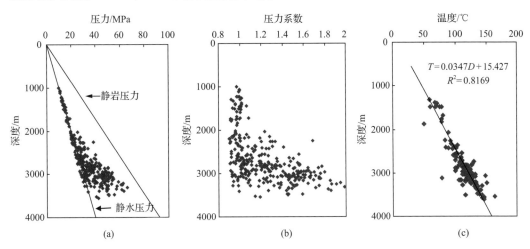

图 6-3　东营凹陷北带沙三段孔隙流体压力、压力系数和温度随深度变化关系图

(a)压力随深度的变化关系图,Es$_3$,321 个数据;(b)压力系数随深度的变化关系图,Es$_3$,321 个数据;

(c)温度随深度的变化关系图,Es$_3$,149 数据

东营凹陷北带沙四段超压出现的深度大约在 2600m 以下(图 6-4),相对沙三段明显偏深,这可能与钻井的分布有关,在东营凹陷北带钻到沙四段的井主要分布在北部陡坡带附近。在东营凹陷其他地区,沙四段在 2200m 处可见超压。位于北带的 250 口探井的250 个测压数据揭示超压出现的深度范围大约为 2600～4500m,压力系数变化范围为

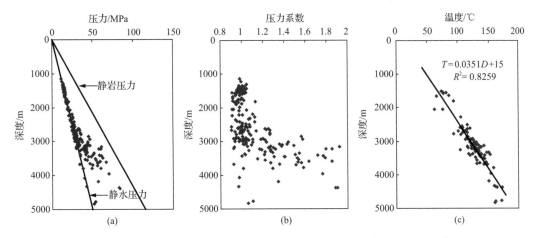

图 6-4　东营凹陷北带沙四段孔隙流体压力、压力系数和温度随深度变化关系图

(a)压力随深度的变化关系图,Es$_4$,250 个数据;(b)压力系数随深度的变化关系图,Es$_4$,250 个数据;

(c)温度随深度的变化关系图,Es$_4$,250 个数据

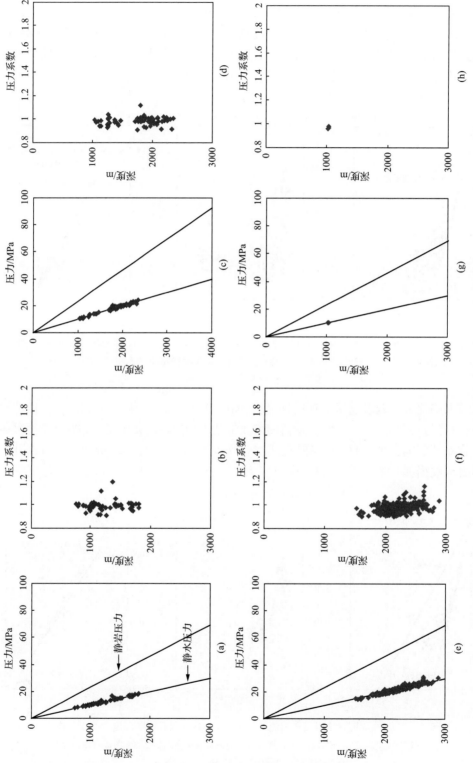

图 6-5　东营凹陷北带孔店组、沙二段、沙一段、东营组、馆陶组和明化镇组孔隙流体压力和压力系数随深度变化关系图

(a)、(b)Nm+Ng+Ed,63 个数据；(c)、(d)为 Es₁,68 个数据；(e)、(f)为 Es₂,401 个数据；(g)为 Ek,6 个数据

0.9~1.95。在深度为 2600~3200m 时,不同深度的最大压力系数随着深度增加而增大。压力系数大于 1.6 的点出现在 3000m 以下;最大压力系数达到 1.95 时所对应对应的深度为 3209m。沙四段现今的地温梯度大约为 3.51℃/100m,地表温度为 15℃,和沙三段相当。

东营凹陷北带实测压力反映结果为常压的地层有孔店组、沙二段、沙一段、东营组、馆陶组和明化镇组,和整个东营凹陷一致。不同层段实测压力和压力系数随深度关系如图 6-5 所示。孔店组的实测压力数据偏少,主要是因为在该地区很少有井钻遇。所获得的 6 个实测压力数据均位于滨县凸起,反映结果为常压。结果虽然不具有代表性,但位于东营凹陷中央背斜带的胜科 1 井泥岩声波时差、砂岩声波时差和井旁地震道层速度换算声波时差均随深度增加而减小[图 6-6(a)],反映出常压系统的特征。沙二段的 401 个砂岩实测压力系数都在 1.2 以下,最大压力系数只有 1.16,因此,认为沙二段属于常压系统。同理,沙一段砂岩实测压力系数最大只有 1.11,也属于常压系统。东营组、馆陶组和明化镇组砂岩实测压力资料中虽然有两个数据的压力系数接近 1.2(分别为 1.19 和 1.20),但大部分实测压力系数均在 1.2 以下,应该也属于常压系统。两个压力系数接近 1.2 的点可能是超压流体沿断层垂向运移而发生超压传递的结果。沙二段、沙一段、东营组、馆陶组和明化镇组的实测地温资料显示现今的地温梯度大约为 3.5℃/100m,地表温度为 15℃[图 6-6(b)],和超压层沙三段和沙四段具有很好的相似性。个别实测地温明显高于正常趋势,应该是深部热流体快速运移至浅层造成的。

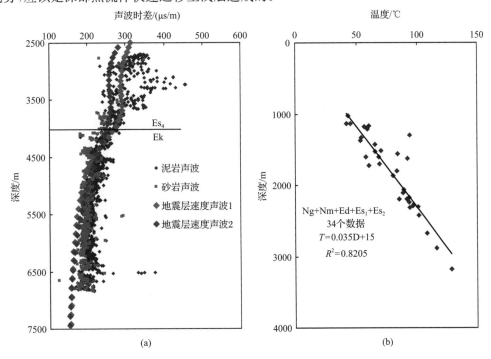

图 6-6　胜利 1 井声波时差和温度随深度变化关系图
(a) 东营凹陷胜科 1 井泥岩和砂岩声波时差及井旁地震道层速度换算声波时差随深度变化关系图;
(b) 东营凹陷北带沙二段、沙一段、东营组、馆陶组和明化镇组实测地温随深度变化关系图

（二）超压测井响应特征

采用测试方法只能获得渗透性地层的压力数据，而且测压数据有限，但泥岩则无法通过测试方法来获得压力数据，主要是因为泥岩渗透率比较低。因为渗透性地层压力一般等于附近的非渗透性地层压力，因此，对于泥岩这样的非渗透性地层，只有利用超压对测井的响应特征结合渗透性地层的实测资料来确定是否存在异常高压。已有的研究表明，超压带具有异常高的声波时差和低电阻率（Hermanrud et al，1998；Teige et al，1999），即使在超压地层不具有孔隙度异常的情况下，声波时差和电阻率也可以用来指示超压。异常高的声波时差主要是因为超压促使颗粒间有效应力减小，从而降低了声波速度，而对于超压段具有低电阻率特征，目前还没有得到很好的解释，Hermanrud 等（1998）认为这是泥岩本身的结构变化引起的结果。因为超压地层具有异常高的孔隙度和低密度特征，可以采用密度测井来指示由压实不均衡引起的超压。超压测井响应特征的研究是采用测井方法预测超压的基础，具有很重要意义。因此，本节主要利用声波时差、电阻率和密度资料结合砂岩实测压力研究东营凹陷泥岩在纵向上的超压响应特征，同时参考井径数据结果分析数据异常的原因。

在对东营凹陷北带 263 口井超压测井响应分析的基础上，选取不同分布地区的利932 井、滨 670 井、梁 751 井、史 138 井和丰 11 井共 5 口典型单井阐述超压测井响应特征。其声波时差、电阻率、密度和井径与深度关系如图 6-7～图 6-11 所示，泥浆比重和实测压力资料可以辅助鉴定超压系统。实测压力系数显示，在这 5 口典型单井中均存在异常高压。

声波测井所记录的纵向传播速度主要是岩性和孔隙度的函数。对页岩或泥岩而言，声波测井曲线基本上为一条反映孔隙度变化的曲线，在正常压实情况下，声波传播时间将随埋藏深度的增加而减小，而声波传播速度则随埋藏深度的增加而增大。如遇异常高压地层压力带，声波时差将偏离正常压实趋势线。声波测井较密度测井和电阻率测井受井眼、地层条件等因素影响较小，而且资料较齐全，精度比较高，因此，选用声波时差反映地层压力特征具有代表性和普遍性。东营凹陷北带 5 口单井泥岩声波时差随深度变化特征与正常压实泥岩声波时差相比明显不同，呈现明显的非正常压实趋势的"两段式"或"三段式"的特征。泥岩声波时差呈现"两段式"特征的有利 932 井、滨 670 井、史 138 井和丰 11井。利 932 井和滨 670 井均位于东营凹陷北部陡坡带，其声波时差趋势均为上段泥岩声波时差随深度增加而减小为常压段，下段泥岩声波时差随深度增加也具有减小的特征，但减小的幅度明显弱于上段常压段，与正常压实相比，声波时差明显偏大，属于超压段，其超压顶界面深度可分别解释为2500m 和 2550m。史 138 井和丰 11 井分别位于利津洼陷南部和民丰洼陷，其声波趋势虽然也呈现"两段式"特征，但与利 932 井和滨 670 井也不相同，其声波时差趋势为上段随深度增加而减小为常压段，下段却随深度增加而增大为超压段，可以很清楚地看出超压顶界面深度分别为 2700m 和 2600m。梁 751 井泥岩声波时差与深度变化关系呈现明显的"三段式"特征，泥岩声波时差先随深度增加而减小为常压段、再随深度增加而增大或基本不变为超压段、最后又随深度增加而减小，但与正常压实相比声波时差偏大，也为超压段，其超压顶界面深度解释为 2700m。因此，泥岩声波时差对本研究区超压具有很好的响应，是用于预测超压的一个很好指标。

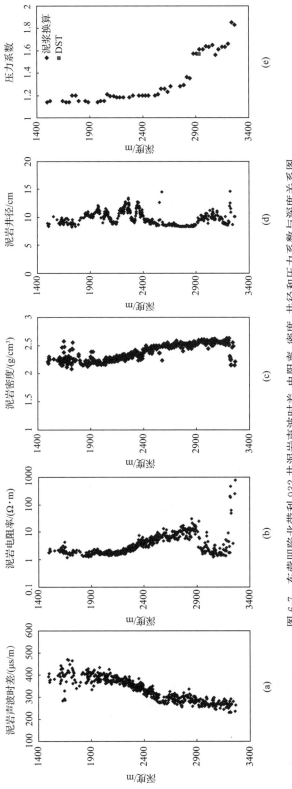

图 6-7　东营凹陷北带利 932 井泥岩声波时差、电阻率、密度、井径和压力系数与深度关系图

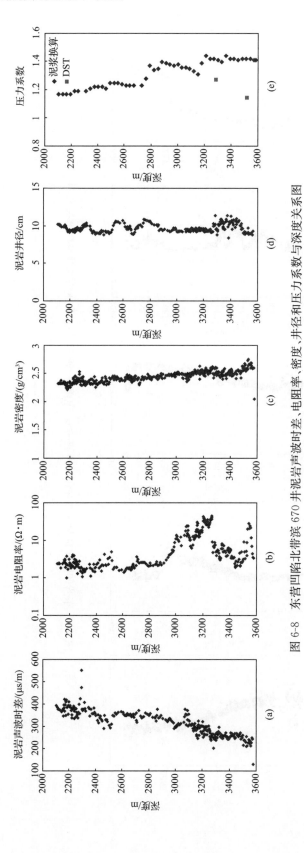

图 6-8　东营凹陷北带滨 670 井泥岩声波时差、电阻率、密度、井径和压力系数与深度关系图

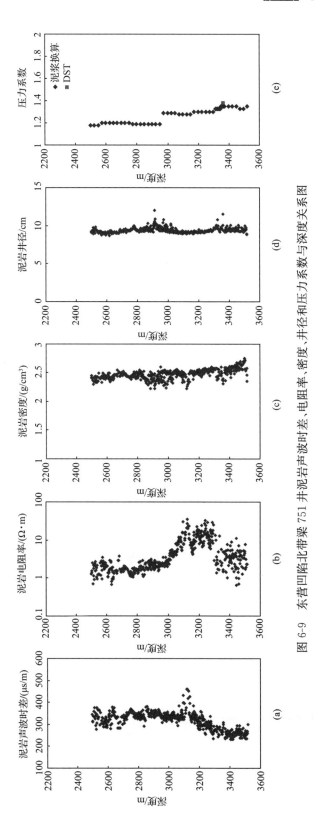

图 6-9 东营凹陷北带梁 751 井泥岩声波时差、电阻率、密度、井径和压力系数与深度关系图

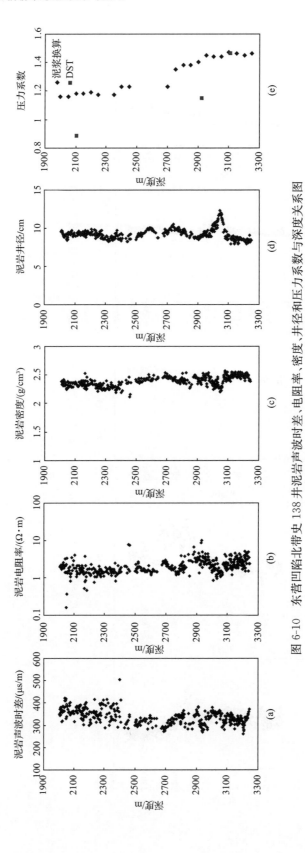

图 6-10 东营凹陷北带史 138 井泥岩声波时差、电阻率、密度、井径和压力系数与深度关系图

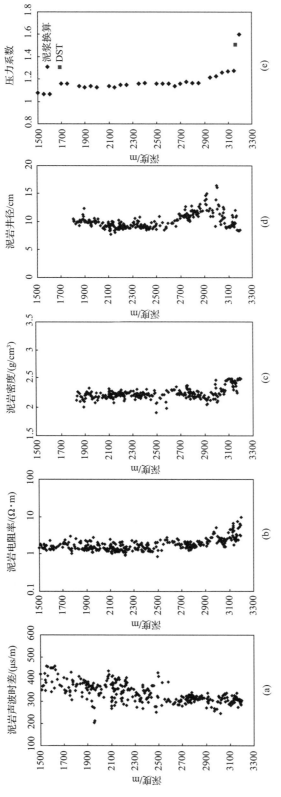

图 6-11 东营凹陷北陷北带丰 11 井泥若声波时差、电阻率、密度、井径和压力系数与深度关系图

（三）东营凹陷超压预测

冉东营凹陷的 303 个数据和东营凹陷北带的 167 个数据的泥岩声波时差计算压力和附近砂岩实测压力结果对比发现，选取幂指数 N 的值为 2 时的预测结果最佳，实测孔隙压力与预测压力具有很好的线形关系（图 6-12），所有点均落在斜率为 1 的直线附近。采用 Eaton(1976) 公式预测东营凹陷的滨 670 井、牛 873 井和梁 751 井泥岩孔隙流体压力系数如图 6-13 所示，预测的孔隙压力系数与实测压力系数具有很好的匹配关系，三口井的实测压力系数点均落在由泥岩声波时差预测的孔隙压力系数趋势线上，只有极少数数据点由于所测的泥岩声波时差值异常而使预测的压力系数偏高或者偏低。

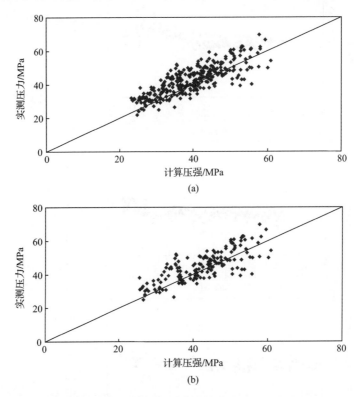

图 6-12　东营凹陷及其北带泥岩声波时差计算压力与实测压力关系图

(a) 东营凹陷，303 个数据；(b) 东营凹陷北带，167 个数据

从图 6-13 还可以看出，所预测的泥岩孔隙流体压力系数和泥岩声波时差变化趋势具有很好的一致性，压力系数随着声波时差的增加而增大。如滨 670 井在 2550m 处为超压顶界面，所预测的压力系数就在 2550m 处从 1.0 增加到 1.4；在 2550m 以上，压力系数在 0.9~1.2 变化；在 2550m 以下，压力系数随着深度的增加而减小。

地震测线 L2551（图 6-14）长约 60km，过博兴洼陷东部、牛庄洼陷西部、中央背斜带和利津洼陷西部，超压封存箱主要发育在利津和牛庄洼陷的深洼区，其中利津洼陷的超压幅度和规模要强于牛庄洼陷，压力系数最高达到 1.8，剩余压力最大为 35MPa；牛庄洼陷的压力系数最大为 1.3，剩余压力最大为 28MPa；在深度分布上，利津凹陷区的超压系统主

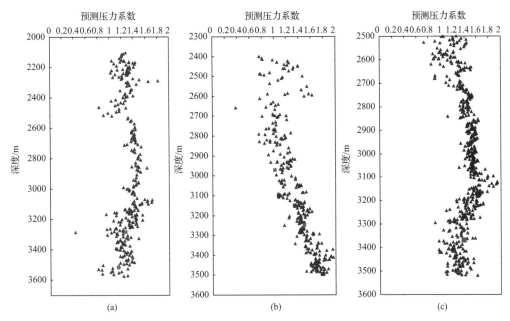

图 6-13 滨 670 井、牛 873 井和梁 751 井现今超压预测结果

(a) 滨 670 井;(b) 牛 873 井;(c) 梁 751 井

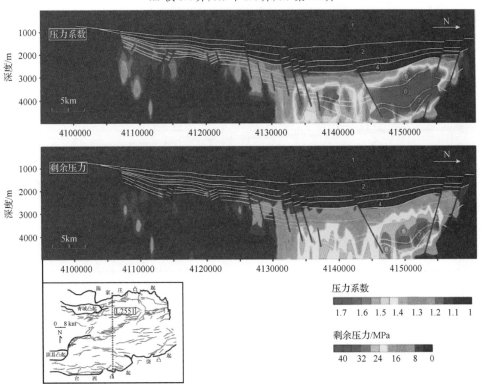

图 6-14 过利津和牛庄洼陷 L2551 测线计算压力系数和剩余压力剖面分布特征

①平原组＋明化镇组＋馆陶组;②东营组;③沙一段;④沙二段;⑤沙三上亚段;

⑥沙三中亚＋沙三下亚段;⑦沙四上亚段;⑧沙四下亚段

要分布在 2800～4500m,牛庄洼陷超压系统主要分布在 2800～4000m,在层位分布上,两个地区的超压系统层位相同,都分布在沙三中、下亚段;博兴洼陷东部在该地区洼陷带 2000～4000m 的部分范围内发育微弱超压,整体上基本为常压系统。

三、烃源岩压力演化

烃源岩生烃过程中渗漏的烃量对生烃增压的影响很大,当烃源岩有机碳含量取 5%、氢指数为 1000mg/g、排出的烃量达到生烃量 25% 时,则烃源岩孔隙流体压力接近常压。因此,烃源岩排烃将促使孔隙流体压力快速降低,而确定石油残留系数 α 对东营凹陷计算生烃增压演化具有重要影响。储层超压的形成为烃源岩中高压流体运移到储层中发生超压传递的结果,所以当烃源岩排出的烃充注到邻近的储层时,烃源岩排烃时的孔隙流体压力应该大于或等于邻近的储层油气充注时的压力。本节选取了样品 D08、样品 D15、样品 D16 等 6 块样品附近的烃源岩,试算了其生油增压演化过程(图 6-15)。图 6-15 中计算的 6 块样品附近的烃源岩生油增压演化曲线中除了样品 D16 以外,其余 5 块样品附近烃源岩在计算生油增压演化时所取的烃源岩参数均高于样品附近的实测值,参数中有机碳含量取 5%、氢指数取 1000mg/g、石油残留系数 α 取 1,也就是完全封闭的状态。计算结果

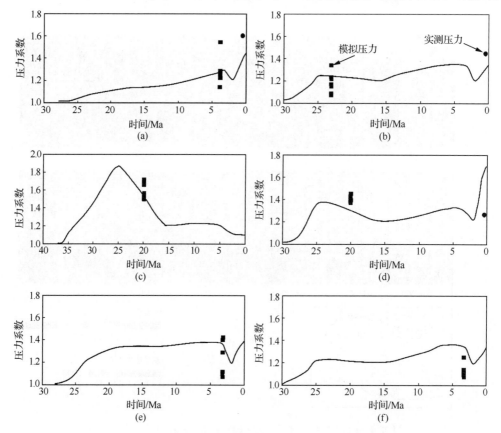

图 6-15 流体包裹体样品附近烃源岩生烃增压演化特征
(a) 样品 D08;(b) 样品 D15;(c) 样品 D16;(d) 样品 D17;(e) 样品 D21;(f) 样品 D25

表明,样品 D08、样品 D15、样品 D17、样品 D21 四块样品中的烃类不可能来自附近的烃源岩,应该是来自更深部的高压流体,主要是计算的烃源岩排烃时的压力比模拟的油气充注时期的古压力小。计算的样品 D25 附近的烃源岩在距今 3Ma 开始排烃时的压力系数达到 1.3,而利用流体包裹体模拟的油气充注时期的古压力系数最大为 1.27。但所取的烃源岩地球化学参数及油残留系数 α 偏高,因此,样品 D25 中包裹体烃应该也不是来自其附近烃源岩。而计算样品 D16 附近的烃源岩生油增压演化曲线时,采用的为附近利 101 井的实测有机碳含量取值和氢指数,改变石油的残留系数 α 以达到烃源岩排烃时的压力系数大于模拟的油气充注时期的古压力系数的目的,最终,当石油的残留系数 α 取 0.85 时,得到样品 D16 附近的烃源岩生油增压演化曲线。因此,样品 D16 中的包裹体烃有可能来自其附近附近的烃源岩,石油残留系数 $\alpha=0.85$ 也将用于计算烃源岩生油增压演化。

计算烃源岩生油增压演化中的岩石、干酪根和石油密度,以及石油、地层水和干酪根压缩系数等参数方法见第二章,I 型干酪根的转化率由上述数值模拟得到,烃源岩地球化学参数参考附近井实测值,无实测值区通过实测值插值得到。由于油从烃源岩排出时需要一定的驱动力,因此,设定在烃源岩排烃时期,当生油增压使烃源岩孔隙流体压力系数达到 1.2 时开始排烃,排烃结束时的孔隙流体压力系数也为 1.2。为了再现东营凹陷烃源岩生油增压演化特征,计算二维剖面 NW4 和 EW1 沙四上亚段和沙三下亚段顶面和底面超压演化过程,并同时计算剖面 NW4 利津洼陷最深处(坨 27 井附近)、剖面 EW1 利津洼陷西部梁 70 井附近和民丰洼陷最深处(丰 8 井附近)三个单点的一维沙四上亚段、沙三下亚段顶面和底面烃源岩生油增压演化曲线。图 6-16(a)、图 6-16(b) 和图 6-16(c) 分别是利津洼陷深部烃源岩、浅部烃源岩和民丰洼陷烃源岩的生油增压演化曲线。由图 6-16 可以看出,东营凹陷烃源岩生油增压可分为三种类型。类型一以图 6-16(a) 沙四上亚段顶面和底面烃源岩、图 6-16(b) 沙四上亚段底面烃源岩生油增压演化曲线为代表,其特征为超压在距今 25Ma 发育,在东营组沉积末期之后为常压,主要原因是不能生成更多的油,烃源岩转化率接近 100%;类型二以图 6-16(b) 沙四上亚段顶面烃源岩和图 6-16(c) 沙四上亚段底面烃源岩生油增压演化曲线为代表,其特征为超压在距今 25Ma 之前和 2Ma 之后均发育,但图 6-16(b) 沙四上亚段顶面烃源岩和图 6-16(c) 沙四上亚段底面烃源岩生油增压演化曲线也有所不同,图 6-16(b) 沙四上亚段顶面烃源岩经历了两次排烃,而图 6-16(c) 沙四上亚段底面烃源岩由于在距今 2Ma 时的压力系数还不到 1.2,在晚期没有排烃;其余的都属于类型三,其特征是烃源岩只在晚期发育超压,有的在距今 3~2Ma 排烃,如图 6-16(b) 沙三下亚段顶面烃源岩,也有的到现今也没有排烃。

图 6-17 为剖面 NW4 沙四上亚段底面烃源岩生油增压和压力系数演化剖面,出东营凹陷主要超压发育具有旋回性的特征。利津洼陷深部烃源岩沙四上亚段底面烃源岩超压发育的时间在距今 35~25Ma,距今 25~16Ma 为超压释放时间,发育第一个压力旋回。剖面显示利津洼陷深部烃源岩沙四上亚段底面烃源岩在距今 35Ma 可产生 4MPa 以上的超压,压力系数达到 1.2。随着烃源岩快速生烃,转化率快速增加,使烃源岩超压在距今 34Ma 就达到最大超压 36MPa,压力系数在 2.1 以上。在距今 34~25Ma,由于烃源岩转化率接近 100%,生成的烃类很少,超压有所降低;在距今 25Ma,由于东营凹陷地层抬升并遭受剥蚀,烃源岩排烃,孔隙流体压力快速释放,至晚期均为常压,烃源岩排烃主要发生

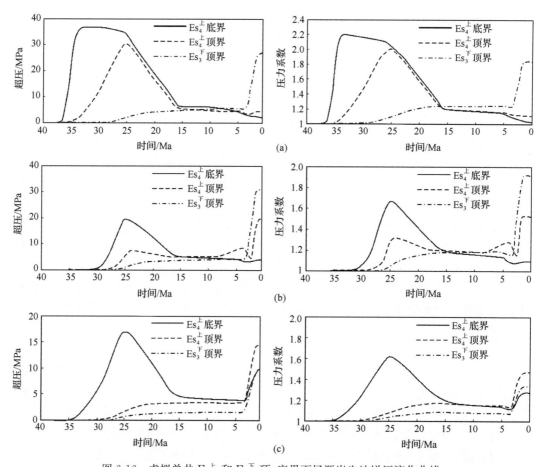

图 6-16　虚拟单井 $Es_4^{上}$ 和 $Es_3^{下}$ 顶、底界面烃源岩生油增压演化曲线

(a) 二维剖面 NW4 利津洼陷最深部(坨 27 井附近)烃源岩;(b) 二维剖面 EW1 利津洼陷西部(梁 70 井附近)烃源岩;
(c) 二维剖面 EW1 民丰洼陷最深部(丰 8 井附近)烃源岩

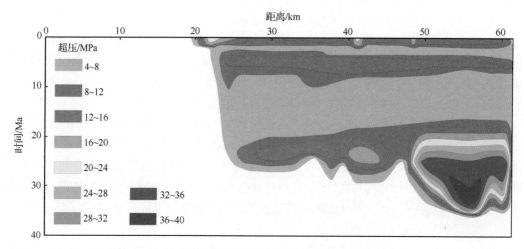

图 6-17　东营凹陷 NW4 测线 $Es_4^{上}$ 底界生油增压演化剖面

在东营组沉积末期。而在利津洼陷以南的中央背斜带和牛庄洼陷均发育三个旋回的超压。中央背斜带沙四上段底面烃源岩在距今大约 30Ma 开始产生超压,压力系数达到1.2;在距今 25Ma 超压开始释放,在距今 16Ma 为常压。而烃源岩埋藏深度与较浅的烃源岩相比,由于在早期生烃量少,在东营组沉积末期压力系数小于 1.2,没有排烃。直到距今大约 16Ma,压力系数达到 1.2 以上,在距今 3Ma 烃源岩排烃使超压降低。在距今 2Ma,由于烃源岩埋藏深度增加,生烃量继续增大,超压再次增加,直到现今保持为超压。牛庄洼陷沙四上亚段底面烃源岩在东营组沉积末期之前发育的超压幅度比中央背斜带小,在距今 15Ma 开始发育第二个旋回的超压,此阶段超压最大超过 12MPa,压力系数在1.5 以上。现今发育的超压最强,超压最大超过 24 MPa,压力系数在 1.7 以上。

剖面 NW4 沙四上亚段顶面烃源岩生油增压和压力系数演化剖面如图 6-18 所示,可以看出沙四上亚段顶面烃源岩除了利津洼陷深部烃源岩以外,超压主要在距今 2Ma 以后发育。利津洼陷深部沙四上亚段顶面烃源岩在距今大约 33Ma 产生超压,在距今 27Ma超压达到最大,其压力系数为 1.8～2.0,超压超过 28MPa;在距今 25Ma 超压开始释放,在距今 16Ma 压力系数只有 1.2;在距今 3Ma,超压最大不超过 12MPa,压力系数在 1.4以下;现今的压力系数也小于 1.4,超压小于 12MPa,只要是烃类主要生成时间在东营组沉积末期之前,烃类主要在距今 25～16Ma 排出。中央背斜带和牛庄洼陷沙四上亚段顶面烃源岩在东营组沉积末期之前均未发育超压,而在距今 3Ma 之前也只有在局部发育超压。在中央背斜带,沙四上亚段顶面烃源岩在距今 3Ma 之前发育的最大超压大约只有12MPa,最大压力系数小于 1.6;牛庄洼陷发育的最大超压也在 12MPa 以上,但最大压力系数超过 1.6。现今大部分中央背斜带和牛庄洼陷沙四上亚段顶面烃源岩发育较大幅度超压,最大超压在 20MPa 以上,最大系数超过 1.6。剖面 NW4 沙三下亚段顶面烃源岩由生油作用形成的超压主要发育在距今 2Ma 以后(图 6-19),只有利津洼陷深部烃源岩在3Ma 之前发育一定幅度超压,最大的超压小于 12MPa,压力系数小于 1.6。现今沙三下亚段顶面绝大部分烃源岩发育超压,在利津洼陷沙三下亚段顶面烃源岩最大超压超过20MPa,压力系数在 1.8 以上;在中央背斜带沙三下段顶面烃源岩最大超压超过 16MPa,

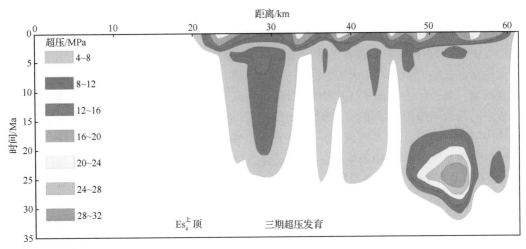

图 6-18　东营凹陷 NW4 测线 Es$_4^\perp$ 顶界生油增压演化剖面

压力系数在1.6以上;在牛庄洼陷沙三下亚段顶面烃源岩最大压力系数也接近1.6。超压主要发育在2Ma以后,说明早期生烃量很少,排烃量也少,只有在利津洼陷有排烃,因此,沙三下亚段以上的烃源岩在东营凹陷中央背斜带和牛庄洼陷应该不是主要烃源岩。

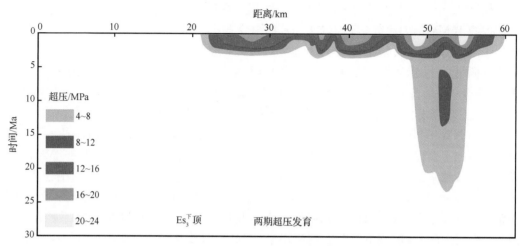

图6-19 东营凹陷 NW4 测线 Es_3^F 顶界生烃增压演化剖面

第三节 准噶尔盆地腹部生气增压定量化评价

一、区域构造特征及构造单元划分

准噶尔盆地位于新疆北部,地处中亚内陆,是我国大型含油气盆地之一。地理坐标为:东经 $81°\sim 92°$,北纬 $43°\sim 48°$。盆地周围被褶皱山系环绕,西北为扎依尔山和哈拉阿拉特山,东北为古格里底山和克拉美丽山,南面是天山山脉的伊林黑比尔根山和博格达山(图6-20)。盆地平面形状呈南宽北窄的近三角形,东西长 700km,南北宽 370km,面积为 $13.4×10^4 km^2$,平均海拔约为 500m,沉积岩最大厚度为 14000m。从板块观点讲,盆地位于哈萨克斯坦板块、西伯利亚板块和天山褶皱带之间的三角地带。

在元古代形成的准噶尔古老陆块,即今天的盆地结晶基底是在古亚洲洋的发生和发展过程中,由太古代古亚洲存在的陆核增生形成的原始大陆(2500~1850Ma)。不同学者对盆地结晶基底中变质岩和火成岩的同位素绝对年龄测定约为 1900~1300Ma。准噶尔盆地基地一般被认为具有"双层结构",即在前寒武结晶基底基础之上叠加了边缘褶皱山系为主的海西期造山褶皱带。下部结构层是由下元古界组成,为一套深变质的岩相;上下部结构层是由中-上元古界组成,为一套变质较浅的岩相,二者以明显的角度不整合接触;准噶尔盆地是晚古生代-中新生代的挤压复合叠加盆地、经历了多期构造演化、多期岩浆活动、多源动力作用、构造格局复杂。与盆地有关的断层主要表现为:①逆冲断层,大多出现在造山带外侧,由造山带向盆地方向逆冲,主逆冲断层呈台阶状和铲状,次级逆冲断层组成叠瓦状,有克-乌逆冲断层、北天山逆冲断层和阿尔泰南缘逆冲断层;②高角度正断层,主要在盆地内部,控制盆地内部次级构造单元和沉积环境分布,形成断块结构。

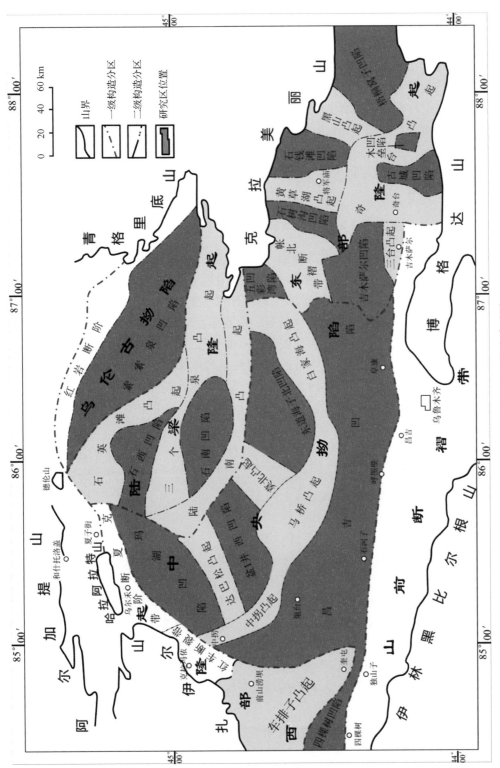

图 6-20 准噶尔盆地构造单元图

准噶尔盆地在二叠纪初是由几个既分割又联合的大型拗陷和隆起所组成的多中心盆地,自三叠纪沉积才开始成为一个统一的沉积盆地。从含油区大地构造出发,按照中国石化石油勘探开发研究院西北分院[①](2002)划分方案,盆地可分为5个一级构造单元(图6-20)。本书的主要资料来源和研究范围为中央拗陷中部的1、2、3、4区块(中石化登记区块)。中央拗陷包括12个二级构造单元,分别为玛湖凹陷、盆1井西凹陷、东道海子北凹陷、昌吉凹陷、四棵树凹陷、柴窝堡凹陷、达巴松凸起、莫北凸起、中拐凸起、马桥凸起、白家海凸起、山前断褶带,即6个凹陷、5个凸起和1个山前断褶带。中部1、2、3、4登记区块总的勘探面积约$1.24 \times 10^4 \mathrm{km}^2$。该区中部1区块主要分布在盆1井西凹陷和昌吉凹陷、中部2区块分布在莫北凸起和东道海子北凹陷,中部3区块主体和中部4区块分布在昌吉凹陷(图6-20)。

二、准噶尔盆地的实测超压分布与测井响应特征

超压是含油气盆地中普遍存在的现象,对油气运移和成岩作用有重要影响。对地压发育阶段和超压分布进行研究,可了解含油气盆地中烃类生成的活跃程度和油气藏形成动力学的阶段和过程。根据前人的研究(吴晓智和李策,1994;刘得光,1998;查明等,2000;李忠权等,2001),准噶尔盆地现今仍是一个超压盆地。本节依据DST的地层压力来分析超压的现今分布。该实测压力代表了砂岩储集层或渗透性岩层中的超压分布,它表明该盆地对渗透性岩层的封压是有效的,而且可能说明来自细粒沉积物或烃源岩的压力补充仍然重要。采用超压对声波时差、电阻率及密度测井响应特征分析超压在泥岩和砂岩中纵向分布特征,从而可以有效地确定超压顶界面与油气分布的关系。

1. 实测压力特征

获得原始地层压力的实测方法有两种:一是DST,即试油或试气过程中的地层压力测试及原始地层压力恢复;二是电缆测试[如RFT和MDT]。地层压力实测方法一般仅适用于渗透性地层,如砂岩层,渗透率大于$0.01 \times 10^{-3} \mathrm{m}^2$,实测压力是超压研究中不可缺少的、能直接反映超压现象的可靠证据。

准噶尔盆地腹部地区中石化登记区块中的67个探井的实测压力数据(DST和MDT)随深度关系图(图6-21)表明,在三叠系、侏罗系、白垩系储层中明显发育超压:只有一个三叠系实测压力数据显示出明显的超压,压力系数达到2.0。

侏罗系地层中的实测地压点埋深范围在3300~6200m,部分测压点为常压,压力系数为0.9~1.1,实测超压的深度范围在4000m以下,最高压力系数为2.07,对应的剩余压力56.5MPa,埋深为5296m。本次收集到的白垩系地层实测地压值除了两个常压外,其余均为超压;超压开始出现的深度大约在4600m左右,对应的压力系数大约为1.5,白垩系最大实测压力系数也达到1.9,对应的埋藏深度大约为5800m。

2. 超压测井响应特征

DST、RFT和MDT等是认识渗透层中孔隙流体压力的直接方法。但实测压力往往

---

① 中国石化石油勘探开发研究院西北分院.2002.准噶尔盆地地质研究(内部报告),兰州。

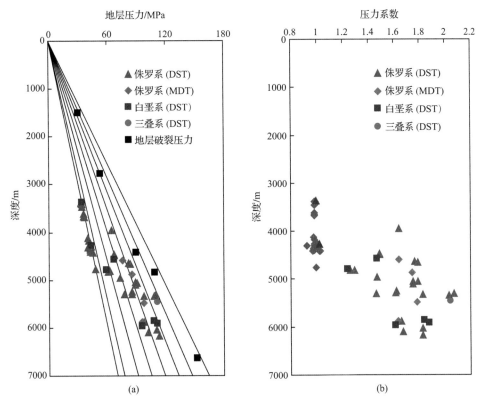

图 6-21 准噶尔盆地腹部地区实测地压和压力系数与深度的关系图

(a) 实测地压与深度的关系($n=67$);(b) 压力系数与深度的关系($n=67$)

不是连续的,常常只在目的层段进行,无法得到单井连续的压力分布。所以泥浆密度数据的核实和获取就十分重要。因为在钻井过程中用改变泥浆密度来调整泥浆柱的压力以平衡地层压力或略高于地层压力,如果泥浆柱的压力与地层压力基本平衡时,用泥浆密度换算的随深度变化的地层压力可基本代表实际地层孔隙流体压力趋势剖面,该剖面可用来分析单井纵向钻遇的压力系统。但实测地压和泥浆密度仍然很难指示极低渗透性的泥岩内的压力水平。泥岩则无法通过测试方法来获得压力数据,主要是因为泥岩渗透率比较低。

成 1 井在构造上位于东道海子北凹陷中央。由图 6-22 和图 6-23 可以看出,超压与声波时差、电阻率都具有很好的响应关系,超压段出现异常高的声波时差和较低的电阻率。该井在早侏罗系八道湾钻遇超压,2 个实测 DST 压力系数测值分别为 1.75(5046.5m)和 1.83(5325.75m),显示发育强超压,超压顶面的深度大致在 3800m,位于头屯河组内部。在 3800m 以上,声波时差随着深度的增加逐渐减小,电阻率逐渐增加。在 3800m 处声波时差稍稍有增加的趋势,而电阻率开始降低,反映出超压特征。在深度大约为 4900m 处,声波时差明显增加,电阻率也明显降低,实测压力值也反映压力系数在 1.8 左右,显示出强超压的特征。无论是砂岩还是泥岩,其密度与超压不具有响应特征,无论是超压带还是常压带,密度随着埋藏深度有逐渐增大的趋势。

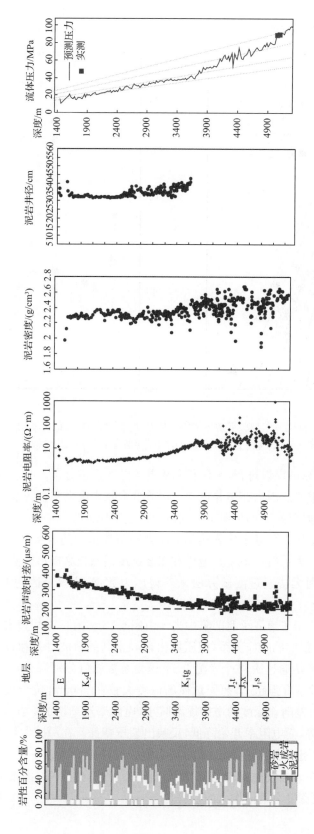

图 6-22　成 1 井泥岩声波时差、电阻率、密度、井径和液体压力与深度关系图

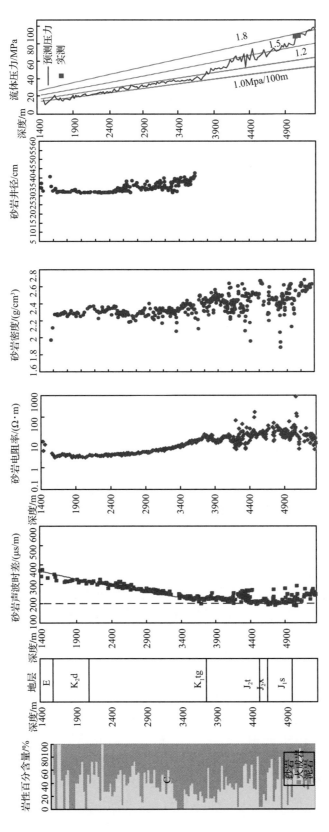

图 6-23 成 1 井砂岩声波时差、电阻率、密度、井径和液体压力与深度关系图

　　董1井在构造上处于准噶尔盆地腹部深洼区昌吉凹陷东段董家海子东构造。由图6-24和图6-25可以看出,董1井超压与声波时差和电阻率都具有很好的响应关系,超压段出现异常高的声波时差和较低的电阻率。该井在侏罗系头屯河组和西山窑组钻遇超压,3个实测DST压力系数值分别为1.47(4571.85m)、1.47(4955.95m)和1.46(5299.8m),1个实测MDT压力系数值为1.74(4872.75m),显示发育强超压,超压顶界面的深度大致在4630m,位于白垩系底界。在4630m以上,声波时差随着深度的增加逐渐减小,电阻率逐渐增加。在4630m处声波时差稍稍有增加的趋势,而电阻率开始偏离正常趋势,出现低电阻率异常,实测压力值也反映压力系数在1.47左右,反映出超压特征。在深度大约为5300m处,声波时差增加,电阻率也明显降低,Eaton公式预测压力系数基本大于1.8,显示出强超压特征。无论是砂岩还是泥岩,其密度与超压不具有响应特征,无论是超压带还是常压带,密度随着埋藏深度增大基本保持不变,局部受扩径的影响,密度出现异常。

三、超压预测

1. 单井超压预测

　　测井资料直接测于穿过地层的钻井井壁,获得的各种物性参数较为准确,资料的可靠性高,因而最早用于压力的预测和检测。经过多年来的研究和应用,目前几乎所有的测井方法所获得的结果都曾被用来预测压力,其中以孔隙度测井应用最广。因为声波时差、中子和密度等测井值与地层孔隙度之间一般具有较好的线性关系,无论是先转换成孔隙度还是直接用来建立压实曲线,都可获得较为理想的效果。其他钻井资料虽然也能用于压力预测,但其影响因素较多,在某些地区适用的方法,在其他地区往往难以获得同样的效果。上述准噶尔盆地腹部地区2区块和4区块单井超压测井响应特征表明,无论是泥岩还是砂岩,超压与声波时差和电阻率都有较好的响应关系,可用来定量预测超压在纵向上的发育特征。本书采用Eaton公式对准噶尔盆地腹部地区2口单井超压进行预测,其预测结果采用实测压力值进行矫正,所得到的2口单井泥岩和砂岩孔隙流体压力随深度关系如图6-22～图6-25所示。

　　成1井构造上位于东道海子北凹陷中央。由图6-22和图6-23可以看出,单井压力预测结果显示,在深度小于3800m时,泥岩孔隙流体压力随深度增加而增大,但均属于正常压力,压力系数均小于1.2。深度在3900m以下时,开始出现超压,在深度大约为4100m处压力系数增加至1.5,至深度大约为5000m处,压力系数快速增加至1.8深度在5000m以下时,压力系数基本稳定在1.8左右,其中有两个实测压力点与预测结果吻合的很好。砂岩孔隙流体压力随深度的变化与泥岩相同,深度在3900m以下时,开始出现超压,在深度大约为4100m处,压力系数增加至1.5,至深度大约为5000m处,压力系数快速增加至1.8。这说明砂岩的孔隙流体压力与附近的泥岩相当。

　　董1井构造上位于昌吉凹陷西侧。由图6-24和图6-25同样可以看出,单井压力预测结果显示,在深度小于4400m时,泥岩孔隙流体压力随深度增加而增大,但均属于正常压力,压力系数均小于1.2。深度在4400m以下时,开始出现超压,在深度大约为4600m处压力系数增加至1.5,至深度大约为5000m处,压力系数快速增加至1.8,深度在5000m以下时,压力系数基本稳定在1.8左右,其中有4个实测压力点与预测结果吻合的很好。

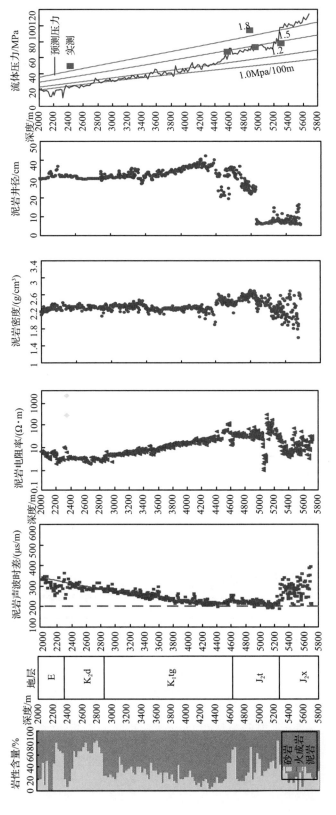

图 6-24 董 1 井泥岩声波时差、电阻率、密度、井径和液体压力与深度关系图

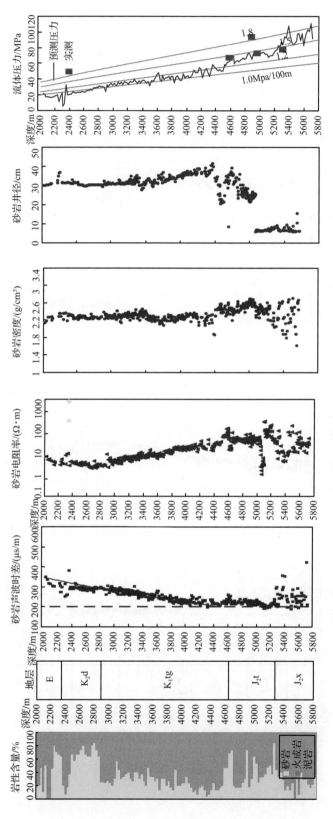

图 6-25　董 1 井砂岩声波时差、电阻率、密度、井径和液体压力与深度关系图

砂岩孔隙流体压力随深度的变化与泥岩相同,深度在 4400m 以下时,开始出现超压,在深度大约为 4600m 处,压力系数增加至 1.5,至深度大约为 5000m 处,压力系数快速增加至 1.8。这说明砂岩的孔隙流体压力与附近的泥岩相当。

2. 二维剖面超压预测

图 6-26 给出了成 1 井、董 1 井、董 2 井和董 3 井泥岩的声波测井速度和井旁地震层速度之间的对比。超压测井响应揭示超压带的岩层为高声波时差,即低速异常,井旁地震层速度是利用地震速度谱的迭加速度转化而来,从图 6-26 可以看出,泥岩的声波速度与井旁地震层速度有比较一致的变化趋势,层速度开始降低的深度比较一致,但井旁地震层速度反映的则是大套的地层速度特征,分辨率显然比前声波速度低得多。在成 1 井,泥岩声波速度开始偏离正常趋势的深度大约为 3800m,地震层速度也相应地开始降低。泥岩的声波速度与井旁地震层速度变化趋势比较一致,说明层速度可以用以预测该地区的超压。

中部四区块 10 条代表性的二维测线迭加速度与双程反射时间关系图(图 6-29)也表明,开始速度随着双程反射时间的增加而增大;达到一定的深度之后,速度开始偏离正常趋势,表现出比正常趋势偏低的特征,表明超压开始发育。迭加速度表现出此特征也说明利用层速度来预测超压在该研究区是可行的。

二维测线 Z02Z4-58062 剖面层位解释结果、正常层速度趋势、层速度剖面、层速度与正常层速度差值剖面及压力系数预测面如图 6-28~图 6-32 所示。层位解释结果表明,地层展布平缓,断层不发育。层速度背景趋势剖面图表明,在该剖面西段二叠系底部最大速度达到 7000m/s,东段由于地层埋深相对较浅,二叠系底部最大层速度达 6000m/s,随着双程反射时间的增加,背景趋势层速度明显增大。层速度剖面表明,在头屯河组以上地层,层速度随着双程反射时间的增加而增大。从头屯河组往下开始出现低速带,在三叠系及侏罗系底部表现得最为明显,而且东部比西部低速带更为明显。从上二叠系到下二叠系,速度虽然有增加的趋势,但与正常层速度趋势剖面相比,速度也偏低,到二叠系底部最大层速度大约只有 5000m/s,说明该地区也发育超压。从层速度与正常层速度差值剖面图中可以很明显地看出,西部在侏罗系头屯河组底部就开始出现小幅度的低速带,中部则在头屯河组底部至三工河顶部开始出现低速带,而东部开始出现低速带是在侏罗系三工河组的中部,这说明该剖面的超压顶界面是穿层位的。该剖面整体上反映了随双程反射时间的增加层速度与正常层速度差值逐渐增大。从压力系数剖面图可以很明显地看出超压发育特征。以压力系数 1.2 作为超压与正常压力的界线,该剖面超压定界面所对应的双程反射时间大约是 3.5s,地层在西部的埋藏深度稍大于东部,因此表现出一定的穿时特征。二维测线 Z02Z4-58062 剖面过董 2 井和董 3 井。董 2 井超压测井响应结果表明,在头屯河组底部至西山窑组顶部开始发育超压,超压顶界面深度大约在 4510m 左右,这与剖面的预测结果比较相符。董 3 井超压测井响应结果表明,在白垩系底部开始发育超压,超压顶界面深度大约在 5310m 左右,这与二维剖面预测的结果吻合。随着双程反射时间的增加,压力系数整体上有逐渐增大的特征,在二叠系底部最大压力系数可达 2.2以上。

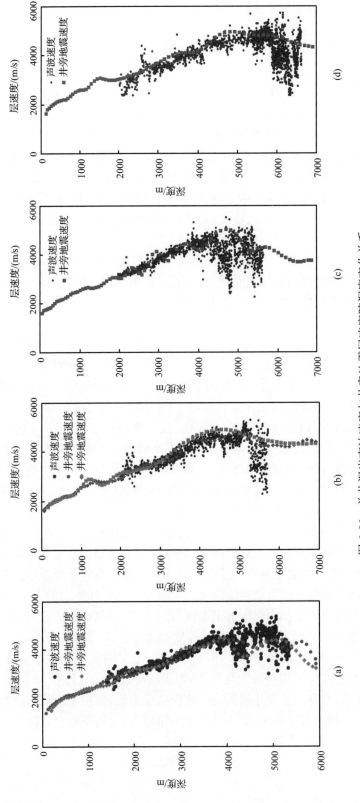

图 6-26　单井泥岩声波速度与井旁地震层速度随深度变化关系

(a) 成 1 井；(b) 董 1 井；(c) 董 2 井；(d) 董 3 井

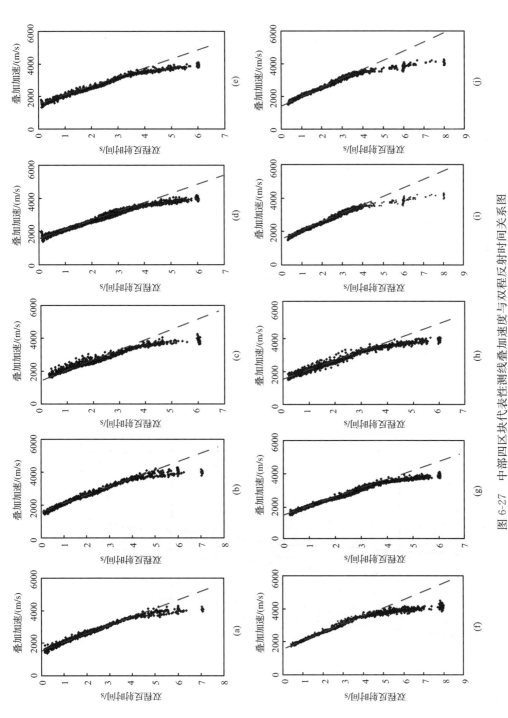

图 6-27 中部四区块代表性测线叠加速度与双程反射时间关系图

(a) 测线 51922;(b) 测线 52322;(c) 测线 54722;(d) 测线 56022;(e) 测线 56322;(f) 测线 56462;(g) 测线 56862;(h) 测线 57122;(i) 测线 58062;(j) 测线 58062

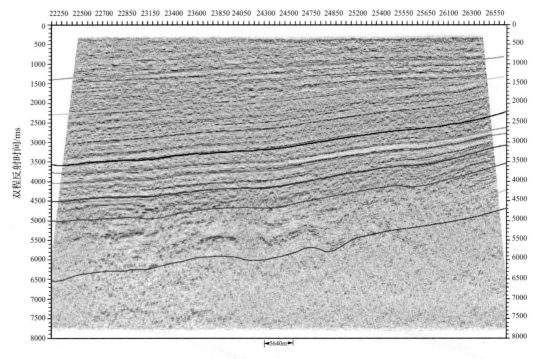

图 6-28　二维测线 Z02Z4-58062 地质解释结果

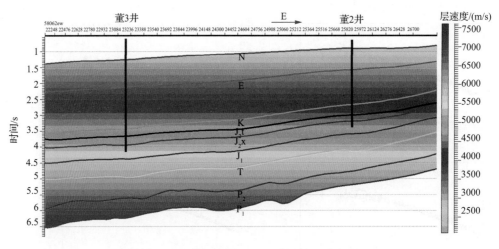

图 6-29　二维测线 Z02Z4-58062 正常层速度趋势剖面图

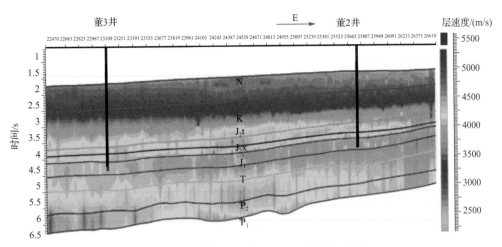

图 6-30　二维测线 Z02Z4-58062 层速度剖面图

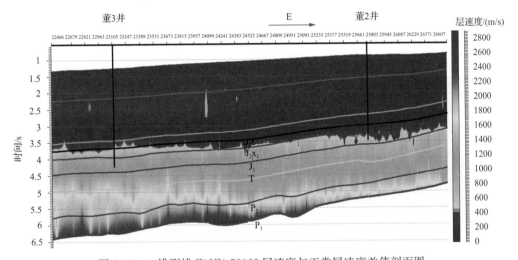

图 6-31　二维测线 Z02Z4-58062 层速度与正常层速度差值剖面图

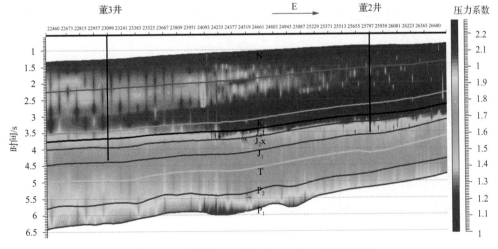

图 6-32　二维测线 Z02Z4-58062 压力系数剖面图

四、生气增压演化模拟结果

地层压力演化包括烃源岩和储层孔隙压力演化两个部分,由于烃源岩和储层中超压形成机制不同,超压演化也存在差异性。准噶尔盆地腹部烃源岩超压主要是由生烃作用使孔隙流体发生膨胀形成,储层超压主要是由高压流体充注到储层中而发生压力传递的结果。本节采用建立的生烃增压模型,结合烃源岩生烃演化史、排烃时间和期次,最终计算得到准噶尔盆地腹部侏罗系不同层位烃源岩生烃增压演化过程。

图 6-33 和图 6-34 为二维剖面 Z02Z4-57922 八道湾组底部烃源岩生烃增压和压力系数演化剖面,反映了超压演化具有旋回性特征,主要经历了三次超压增加和两次超压释放过程。不同地区由于烃源岩埋深不同,烃源岩的成熟度和转化率演化不同,压力演化过程有差异。生烃增压演化模拟结果显示,在距今 165Ma 左右,八道湾组底部烃源岩由于生烃作用开始发育超压,随着生烃量的增加,在距今 70~60Ma,大部分地区压力系数达到

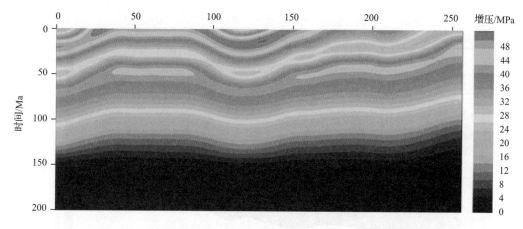

图 6-33　二维测线 Z02-Z4-57922 八道湾组底部烃源岩超压演化剖面

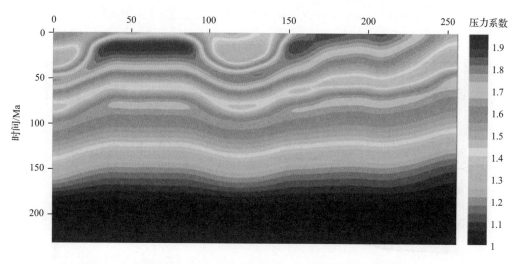

图 6-34　二维测线 Z02-Z4-57922 八道湾组底部烃源岩压力系数演化剖面

1.9以上,相应的剩余流体压力为30~40MPa。随着生烃的持续进行,流体压力继续增大,当孔隙流体压力超过烃源岩破裂压力时,烃类从烃源岩中快速排出,从而使孔隙流体压力和压力系数迅速降低,开始进入下一个生烃增压旋回。中部和南部部分地区八道湾组底部烃源岩生烃速率较快,在距今40~30Ma,压力系数再一次达到2.0左右,相应的剩余流体压力约为45MPa。超过烃源岩破裂压力后开始排烃泄压,并进入下一演化周期。现今压力系数为1.4~1.55,剩余压力为25~35MPa。北部地区由于靠近凹陷边缘,地层埋深相对较浅,后期烃源岩转化率较低,在经过70~60Ma排烃泄压过程后,超压持续增加并保持至今,压力系数为1.5~1.9,剩余压力为30~45MPa。

第七章　含油气系统微观参数尺度粗化的数值方法研究

第一节　基于尺度效应模型的随机模拟方法

把地质统计学理论和方法融入油藏储层地质建模过程,是目前广泛采用的数学方法。储层地质建模首先要确定储层几何形态,例如地层的划分、界面位置等。然后,需要确定储层介质的属性参数。通常,地质参数数据集通过地球物理、室内实验分析及其他数学方法进行估计或统计得到。相对于实际工区范围,采集的样品数量是有限的,利用有限的样品信息推断非采样点的地质信息就成为了必然选择,内插方法可进行地质参数分布计算。需要内插的参数通常包括岩性、孔渗等,这些采样数据资料往往是在测井资料进行解释以后才能获得。内插方法对于简单介质类型往往是有效的,而对于多介质类型很可能出现错误,因为内插方法(尤其是确定性内插方法)很可能平滑掉一些重要信息,引入一些错误信息,导致在采样点处吻合较好,非采样点处可能出现相反的效果,这也是确定性方法缺陷。所以,学者开始重视基于地质统计学理论的参数估计或预测方法,进而通过随机模拟方法得到多个地质体,虽然此方法增加了不确定性,但也有助于反映地质参数的变化特征。

在地质统计学中所用到的主要统计学方法有协方差函数和变异函数,它们不仅是定量刻画地质变量空间相关性的工具,也是理解地质统计学和随机建模原理的基础。

地质体本身具有复杂性,但其中的油藏分布确实是唯一的。从概率角度讲,每一个地质点在等概率的条件下,它的值的选取是不唯一的,但它的真实结果又是确定的。从理论上讲,这种确定性和唯一性并不妨碍这种问题的概率描述,即将不确定性和确定的唯一状态置于概率模型之中,并将确定的唯一状态看作是该模型的多个实现之一。因此,建模的过程可以看作是用已知的信息建立一个概率模型,进而对井间分布进行预测的过程。这个过程的前期准备工作就是地质体内随机变量的空间变异结构分析。

基于地质统计学的建模方法,根据区域化变量的变异函数进行点数据内插,从而得到储层的统计学结果和模拟结果,具有同等等可能性,它告诉我们可能出现什么结果,不可能出现什么结果,这个时候就需要用专业知识和工作经验判断。Kriging 方法是基于数据点位置关系的确定性内插计算方法,结果唯一,Kriging 方差最小。在地质体的随机模拟方法中,通常要先进行 Kriging 模拟,然后引入随机数,实现全局节点的模拟,从模拟控制流程来看,最主要的方法就是顺序高斯模拟方法,这种方法本身并不复杂。如果要求固定采样点的模拟结果与采样实际数据几乎相等,则这种方法就具有条件模拟的特征,否则就是非条件模拟或无约束模拟。由于计算机可以模拟出多种结果,往往会造成无所适从的局面。

由此引入了两种做法,一种是基于目标的模拟方法,建模过程可以强行干预;另外一种就是多点地质统计学方法,它不需要使用变异函数,但是要对图像进行多点扫描。

经典地质统计学软件程序 GSLIB 是目前广泛采用的计算和模拟程序,它是基于过程的结构化 Fortran 程序。本研究采用 C++10.0 进行程序设计,并独立实现了三维可视化过程。

一、模拟方法

随机模拟技术既尊重储层固有的地质规律,反映某些客观存在的随机性,又能定量描述由于资料信息的不足给储层地质模型带来的不确定性。随机模拟以地质统计学为基础,综合地质、测井和油藏工程等各种不同信息,对储层的储集参数在空间的变化进行模拟,从而产生一维或多维成像(或者实现),是定量的储层描述方式。

随机建模的方法很多,目前仍在不断创新。随机建模技术可以分为两大类:一类是以目标物体为模拟对象的技术,主要建立离散性模型,主要的方法有示性点过程法布尔方法及随机成因模拟法;另一类是以象元为模拟对象的技术,主要建立连续性模型,常用的方法有马尔柯夫随机域法、截断高斯模拟法、两点直方图法、顺序高斯模拟法、顺序指示模拟法、模拟退火模拟法、分形随机域法等。

经典的地质统计学方法基于平稳假设,由尺度效应的基础理论可知,这种平稳假设很可能是一种假象,所以需要研究基于尺度效应模型的地质参数模拟方法。研究中采用的模拟方法从流程上看仍是顺序高斯模拟方法,但从变异函数的性质上看,引入了随机分形、重尾分布的研究成果,并且实现了条件模拟。

储层随机建模通常又分为条件模拟和非条件模拟,其根本区别在于条件模拟需要具备以下两个条件:①模型的实现(图像)要符合实际资料所观测到的储层属性空间发布的相关结构(地质统计特征);②有测量值的资料点处的模拟结果与实际资料要一致。

在实际应用过程中,针对不同油藏地质认识,根据油藏动态研究的需要,选择不同的建模方法。储层参数的数学地质模型比较常用方法是 Kriging 方法,该方法在数学上可对所研究的对象提供一种最佳线性无偏估计(某点处的确定值),能反映储层的宏观变化趋势。但 Kriging 方法作为一种光滑内插方法,不能反映由于非均质性引起的细微变化,所反映地下实际的准确程度取决于井点资料的丰富程度。在密井网区、井点资料多时,其内插结果可信度高;井点少时,要进行油藏早期评价,特别是在滚动勘探、滚动开发形势下的早期油气藏描述中,Kriging 方法所建模型的预测能力还达不到更高的要求。为了适用早期油藏描述的要求,需建立既能反映储层宏观变化趋势,又能反映其局部非均质性特征,具有较强预测能力的地质模型。因此,将分形方法与克里金技术相结合应用于储层预测,具有非常重要的意义。

1. 序贯模拟

在建立的概率场随机模型中产生概率实现的方法思想——序贯模拟,其基本算法可概括为以下几点(图 7-1)。

(1) 在没有模拟值的位置选择一个随机的网格单元。

(2) 预测这个位置上的局部条件概率分布。

(3) 在局部条件概率分布曲线上随机取一个值,作为待预测位置上的模拟值。

（4）将（3）中的模拟值插入到原始的条件值中，更新条件值。

（5）重复（1）～（4），使所有网格结点上都存在一个模拟值。

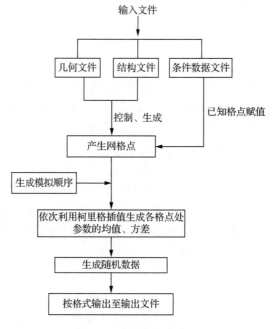

图 7-1　序贯模拟流程图

2. 地质统计分析

地质统计分析包括孔隙度的分布直方图、最大值、最小值、均值、方差、变异函数特征值等，这些参数主要用于模拟输出的约束条件。一个区域内的估计点和样品点资料的集合必须满足这些统计参数。这类参数可由对样品点的统计直方图中给出，这里主要是确定地质统计分析的空间结构参数，即关于变差函数的基本参数。

（1）变程 a：储层参数变量在该距离范围内，相邻点之间具有一定的相关性，两个变量的距离超过 a 时，两点不具有影响关系，这种相关性可用不同的函数形式来描述。

（2）块金常数 C_0：表示统计数据在原点处的间断性，即当两点间的距离趋近于零的时候，变异函数不一定是零，这个在原点处的间断性被称为"块金效应"；可以反映出变量的连续性强弱，C_0 越大，则变量的连续性越差，甚至没有平均的连续性，即使在很短的距离内，变量的差异也很大，反之则连续性越好。

（3）基台值 $C(0)$：当距离 $h \geqslant a$ 时，变差函数基本稳定在一个极限值，表明当两个变量的距离超过 a 时，两点不具有影响关系，$C(0)$ 被称为变异函数的基台值。

（4）空洞效应：变差函数曲线呈现的一种波形特征，明显的空洞效应反映出空间变异性的伪周期，且空洞效应又具有空间各向异性，所以在作精确估计时应加以考虑。

（5）各向异性：变程 a 在空间是变化的，如在对某一模拟层进行平面变差函数估计时，会发现变程在不同方向上是不一样的，通常情况下呈现出一种近于椭圆形的分布特征。

3. 基于截断变异理论的 cokriging 算法

考虑一个各向同性随机分形场 $Y(x)$，对这个场在 M 级采样区域进行采样，每级区域的长度尺度满足图 7-2 所示关系，L_M 是采样数据的最小支集长度，$L_{M+1}=0$ 表示一个点，即该点的采样支集长度为 0。

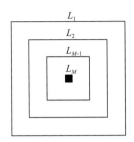

图 7-2　M 级嵌套数据支集，支集长度 $L_1 > L_2 > \cdots > L_M$

在支集长度为 L_1 的区域（最大范围采样区域）内，令 $Y'(x) = Y(x) - \eta(x)$，式中，$\eta(x) = \langle Y(x) \rangle$，$\langle Y'(x) \rangle = 0$，符号 $\langle \cdot \rangle$ 表示随机变量的均值（数学期望）。再令 $Y'^{ij}(x)$ 表示 $Y'(x)$ 的剔除模数小于 $n_i = 1/\lambda_i$（尺度大于 $\lambda_i = 1/n_i \propto L_i$）和模数大于 $n_j = 1/\lambda_j$（尺度小于 $\lambda_j = 1/n_j \propto L_j$）且 $j > i$ 的组成部分，即 $Y'(x)$ 为位于 i 级支集与 j 级支集中间某个部分的组成成分（或对 $Y'(x)$ 的贡献）。所以，根据截断变异函数的性质，$Y'^{ij}(x)$ 能够通过截断幂律变异函数进行刻画，即

$$\gamma(\tilde{s}, n_i, n_j) = \gamma(\tilde{s}, n_i) - \gamma(\tilde{s}, n_j) \tag{7-1}$$

式中，$\tilde{s} = \|\tilde{s}\| = s(\boldsymbol{u}^{\top} \boldsymbol{e}^{-2} \boldsymbol{u})^{\frac{1}{2}}$，

$$\boldsymbol{e} = \begin{bmatrix} 1 & 0 & 0 \\ 0 & e_2 & 0 \\ 0 & 0 & e_3 \end{bmatrix}, e_2 = \lambda_2/\lambda, e_3 = \lambda_3/\lambda \tag{7-2}$$

式中，$\tilde{s}$ 为距离向量；$\boldsymbol{u}$ 为平行于各向异性主方向的单位向量；$s = \|s\|$ 为原始距离向量的模；λ、λ_2、λ_3 分别为主方向上的自相关尺度（积分尺度）。由于 $\lambda_{M+1} \propto L_{M+1} = 0$，即 $\lambda_{M+1} \to \infty$，$\gamma(\tilde{s}, n_{M+1}) = \gamma(\tilde{s}, \infty) = 0$（在一个点附近几乎没有变异）。以上过程实际上是主轴化过程，使变异函数为各项同性。

因此，在区域 L_i 内，到支集为 L_M 的区域上的 $Y'^{iM}(x)$，$i < M$ 的变异函数可以表示为相邻两个分级上的变异函数的叠加，即

$$\gamma(s, n_i, n_M) = \sum_{k=i}^{M-1} (\gamma(s, n_k) - \gamma(s, n_{k+1})) \tag{7-3}$$

同理 $Y'^{ij}(x)(i < j)$ 的变异函数也表示为

$$\gamma(s, n_i, n_j) = \sum_{k=i}^{j-1} (\gamma(s, n_k) - \gamma(s, n_{k+1})) \tag{7-4}$$

反过来，这也说明 $Y'^{iM}(x)$ 可以表示成

$$Y'^{iM}(\boldsymbol{x}) = \sum_{k=i}^{M-1} Y'_k(\boldsymbol{x}) \tag{7-5}$$

式中，$Y'_k(\boldsymbol{x}) = Y'^{k(k+1)}$，$<Y'_k(\boldsymbol{x})> = 0$，且 $Y'_k(\boldsymbol{x})$ 的变异函数为

$$\gamma(s, n_k, n_{k+1}) = \gamma(s, n_k) - \gamma(s, n_{k+1}) \tag{7-6}$$

这样，

$$Y'^{ij}(\boldsymbol{x}) = \sum_{k=i}^{j-1} Y'_k(\boldsymbol{x}) \tag{7-7}$$

根据截断变异理论的性质，可得 $Y'^{ij}(\boldsymbol{x})$ 的协方差为

$$C(s, n_i, n_j) = \sigma^2(n_i, n_j) - \gamma(s, n_i, n_j) \tag{7-8}$$

它的积分尺度（自相关尺度）为

$$I(n_i, n_j) = \frac{2H}{1+2H} \frac{n_j^{1+2H} - n_i^{1+2H}}{n_j n_i (n_j^{2H} - n_i^{2H})} \tag{7-9}$$

根据图 7-2，L_1 表示最大的支集尺度，在其内部具有支集尺度为 $L_2, L_3, \cdots, L_M$ 的数据是可以得到的。这些数据表示以下场的样品：

$$Y^{12}(x) = \eta(x) + Y'^{12}(x) = \eta(x) + Y'_1(x) \tag{7-10}$$

$$Y^{13}(x) = \eta(x) + Y'^{13}(x) = \eta(x) + \sum_{k=1}^{2} Y'_k(x) \tag{7-11}$$

$$Y^{1M}(x) = \eta(x) + Y'^{1M}(x) = \eta(x) + \sum_{k=1}^{M-1} Y'_k(x) \tag{7-12}$$

用 Y_n^{*1m} 表示这些取样数据，就能用这些数据估计不同支集 $L_S, 1 < S \leqslant M$，分级内的 $Y^{1S}(\boldsymbol{x}) = \eta(x) + Y'^{1S}(\boldsymbol{x})$，可以采用多尺度数据的协同 Kriging 方法进行估计，即

$$\hat{Y}^{1S}(\boldsymbol{x}) = \sum_{m=2}^{M} \sum_{n=1}^{N_m} \omega_{xx_n^m}^{Sn_m} Y_n^{*1m}(\boldsymbol{x}_n^m) \tag{7-13}$$

式中，$\hat{Y}^{1S}(\boldsymbol{x})$ 是被估计值，N_m 是区域 L_1 内具有支集 L_m，以点 $\boldsymbol{x}_n^m$ 为中心的数据 $Y_n^{*1m}(\boldsymbol{x}_n^m)$ 的个数。$\omega_{xx_n^m}^{Sn_m}$ 是 $Y_n^{*1m}(\boldsymbol{x}_n^m)$ 对 $\hat{Y}^{1S}(\boldsymbol{x})$ 贡献的协同 Kriging 权重，在 $1 < S \leqslant M$ 上的任何尺度上的不同测量值，都可能影响 $\hat{Y}^{1S}(\boldsymbol{x})$。

同普通 Kriging 方法一样，在无偏、最小估计方差的条件下获得权重 $\omega_{xx_n^m}^{Sn_m}$。若 $\eta(x)$ 是空间可变的，就应当使用泛协同 Kriging 方法进行估计。这里把问题限定在简单情形，假设 η 是常数。取 $\hat{Y}^{1S}(\boldsymbol{x})$ 表达式两端的整体平均，然后两端同时除以 η，得

$$\sum_{m=2}^{M} \sum_{n=1}^{N_m} \omega_{xx_n^m}^{Sn_m} = 1, 1 < S, m \leqslant M \tag{7-14}$$

式(7-14)保证了 $\hat{Y}^{1S}(\boldsymbol{x})$ 的无偏性。

最小化估计误差 $<[\hat{Y}^{1S}(\boldsymbol{x})-Y^{1S}(\boldsymbol{x})]^2>$，利用式(7-13)和式(7-14)，得到协同 Kriging 方程组：

$$\sum_{m=2}^{M}\sum_{n=1}^{N_m}\omega_{xx_n^m}^{Sn_n^m}\gamma_{pm}(\boldsymbol{x}_q^p-\boldsymbol{x}_n^m)+\beta=\gamma_{Sp}(\boldsymbol{x}-\boldsymbol{x}_q^p),\qquad q=1,\cdots,N_p;p=2,\cdots,M$$

(7-15)

式中，

$$\gamma_{pm}(\boldsymbol{x}_q^p-\boldsymbol{x}_n^m)=\frac{1}{2}<[Y'^{1p}(\boldsymbol{x}_q^p)-Y'^{1m}(\boldsymbol{x}_n^m)]^2>$$

(7-16)

其中，β 是 Lagrange 乘子。将式(7-7)代入式(7-16)并利用 Y'_k 与 $Y'_j(j\neq k)$ 互不相关，利用式(7-4)，将式(7-16)改写为

$$\begin{aligned}\gamma_{pm}(\boldsymbol{x}_q^p-\boldsymbol{x}_n^m)&=\frac{1}{2}<[\sum_{k=1}^{p-1}Y'_k(\boldsymbol{x}_q^p)-\sum_{l=1}^{m-1}Y'_l(\boldsymbol{x}_n^m)]2>\\&=\sum_{k=1}^{\min(p-1,m-1)}\frac{1}{2}<[Y'_k(\boldsymbol{x}_q^p)-Y'_l(\boldsymbol{x}_n^m)]^2>\\&\quad+\frac{1}{2}\sum_{k=\min(p-1,m-1)+1}^{\max(p-1,m-1)}\sigma^2(n_k,n_{k+1})\\&=\sum_{k=1}^{\min(p-1,m-1)}\gamma(\parallel\boldsymbol{x}_q^p-\boldsymbol{x}_n^m\parallel,n_k,n_{k+1})\\&\quad+\frac{1}{2}\sum_{k=\min(p-1,m-1)+1}^{\max(p-1,m-1)}\sigma^2(n_k,n_{k+1})\\&=\gamma(\parallel\boldsymbol{x}_q^p-\boldsymbol{x}_n^m\parallel,n_1,n_{\min(p,m)})+\frac{1}{2}\sigma^2(n_{\min(p,m)},n_{\max(p,m)})\end{aligned}$$

(7-17)

进一步简化可以得

$$\gamma(\parallel\boldsymbol{x}_q^p-\boldsymbol{x}_n^m\parallel,n_1,n_{\min(p,m)})=\sigma^2(n_{\min(p,m)},n_{\max(p,m)})-C(\parallel\boldsymbol{x}_q^p-\boldsymbol{x}_n^m\parallel,n_1,n_{\min(p,m)})$$

(7-18)

$$\gamma_{pm}(\boldsymbol{x}_q^p-\boldsymbol{x}_n^m)=\frac{1}{2}[\sigma^2(n_1,n_p)+\sigma^2(n_1,n_m)]-C_{pm}(\boldsymbol{x}_q^p-\boldsymbol{x}_n^m)$$

(7-19)

式中，$C_{pm}(\boldsymbol{x}_q^p-\boldsymbol{x}_n^m)=C(\parallel\boldsymbol{x}_q^p-\boldsymbol{x}_n^m\parallel,n_1,n_{\min(p,m)})$。当 $p=m$ 时，去掉式(7-17)中的最后一项，即 $\gamma_{mn}(0)=0$。当 $p\neq m$ 时，最后一项不能消掉，说明距离向量为 $\boldsymbol{0}$ 时，但在非零支集上 $\gamma_{pm}(0)\neq0$。方程组式(7-14)~式(7-15)包含 $1+\sum_2^M N_m$ 个方程，通过解这个方程组，可解出 β 和 $\sum_{m=2}^M N_m$ 个协同 Kriging 权重 $\omega_{xx_n^m}^{Sn_n^m}$。得到协同 Kriging 方差为

$$<[\hat{Y}^{1S}(\boldsymbol{x})-Y^{1S}(\boldsymbol{x})]^2>=\sum_{m=2}^{M}\sum_{n=1}^{N_m}\omega_{xx_n^m}^{Sn_n^m}\gamma_{mS}(\boldsymbol{x}_n^m-\boldsymbol{x})+\beta$$

(7-20)

4. 重尾模拟

除了采用常用的变异函数模型:球状模型、指数模型、高斯模型、空洞效应模型、标准幂率模型(fBm)等选项以外,还引入了 TPV 模型,实现截断分数布朗运动 tfBm 数值模拟,并以此为基础,采用 lognormal 分布、Lévy 稳定分布作为 Subordinator,得到了基于 tfBm 的非高斯过程模拟结果,模拟结果分别为正态-对数正态过程、α-稳定从属过程,都具有重尾分布的特性。其生成格式为

$$Y(x, x+s; \lambda_l, \lambda_u) = W^{\frac{1}{2}} G(x, x+s; \lambda_l, \lambda_u) \tag{7-21}$$

式中,G 是 tfBm 过程或 tfGn;$W^{\frac{1}{2}}$ 是非负随机变量与 G 独立,可以是 Lévy 稳定分布,也可以是 lognormal 分布。模拟流程为首先根据 TPV 模型生成 G 的随机模拟结果,然后再生成 Subordinator-$W^{\frac{1}{2}}$,最后做乘法,得到模拟结果统称为 Sub-Gaussian 过程,这个过程是非高斯的,而且具有重尾特性,可以较好地刻画参数场的较大变异性,模拟的流程控制采用顺序高斯模拟。

对于 tfBm 模拟的模拟方法与 GSLIB 中的方法类似,但是引入了截断尺度,模拟方法目前只采用简单 Kriging 方法、普通 Kriging 方法。为使得模拟结果的随机性更强,也对模拟顺序生成了随机模拟序列,即随机模拟路径。

对于 Lévy 稳定分布,采用 Nolan 提出的模拟方法。Lognormal 分布模拟就是通用的正态过程模拟方法。

二、模拟程序设计

程序开发语言为 C++10.0,采用 OpneGL 技术实现模拟过程、结果的三维可视化。在协方差矩阵的读写方面,借鉴协方差矩阵数据结构,该数据结构可以实现局部数据点对的动态更新,用户只需设定搜索范围和搜索模板,根据给定变异函数类型自动进行数据更新。系统研究变异函数套和结构与协方差矩阵之间的转换关系和数据结构,该数据结构具有结构不变性,根据嵌套算法,可以实现基于椭圆搜索算法,即在不同方向上搜索条件点的编号,根据该编号搜索协方差矩阵元素之间的对应关系,得到局部条件协方差矩阵,进而进行 Kriging 插值。

因目前大多采用 4 卦限 12 点 Kriging 模拟方法,所以 Kriging 方程一般不超过 12 阶,故通常的求解线性代数方程组的算法对求解该方程都是有效的。最后求解线性代数方程组的程序因受到搜索半径的控制,且系数矩阵为正定矩阵,所以采用了经典的 LU 分解方法,算法稳定。图 7-3 为主要的数据文件结构。

1. 几何数据文件

Line1:seed,nsim。

说明:seed,随机模拟种子数;nsim,随机模拟次数。数据类型为 int。

Line2:delta. x,delta. y,delta. z。

说明:模拟网格 x, y, z 方向上的步长。数据类型为 float。

Line3:origin. x,origin. y,origin. z。

说明:第一号模拟网格节点$(1,1,1)$的坐标,即模拟起点坐标。数据类型为 float。

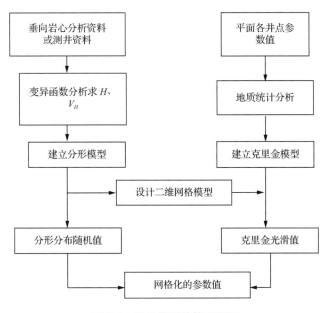

图 7-3　随机模拟计算流程图

Line4：n_nodes. x，n_nodes. y，n_nodes. z。

说明：模拟网格 x,y,z 方向上的节点数。数据类型为 int。

Line5：from. x，from. y，from. z。

说明：模拟子区域的起点。数据类型为 int。

Line6：to. x，to. y，to. z。

说明：模拟子区域的终点。数据类型为 int。

Line7：radius. x，radius. y，radius. z。

说明：搜索椭球体半径。数据类型为 float。

Line8，Line9，Line10。

说明：搜索立体的方向余弦、数据类型为 float。Line8、Line9、Line10 形成一个三阶矩阵。搜索椭球体与搜索立体的关系是这样的：搜索立体是搜索椭球体的外切立方体，这样的搜索立体的坐标系与区域坐标系之间就存在一个方向余弦矩阵。

Line11：max_per_octant，max_data。

说明：每个卦限里用于 Kriging 模拟的最大条件点数；总的条件点数。数据类型 int。例如每个卦限最多取 3 个点，那么上半空间 4 个卦限总的条件点数就是≤12。如果 max_per_octant＝0，那么就是没进行卦限搜索，程序终止。

Line12：dbg。

说明：调试标识。数据类型 int。通常设置为 0，表示一般性输出。如果设置为≥3，调试文件将输出大量的中间计算过程信息，文件将十分庞大。

2. 变异函数模型文件

Line1：nvar。

说明：规划模拟变量的总数。数据类型为 int。

Line2：nvar_sim。

说明：本次已选模拟变量数。nvar_sim<＝nvar，数据类型为 int。

Line3：sim_method。

说明：模拟方法，目前只有两种取值方法，1 或 2。

Line4：simulation_var[1...nvar_sim]。

说明：程序已选模拟变量号数组。数据类型为 int。

Line5：expected_value[1...nvar]。

说明：规划模拟变量期望值数组。数据类型为 float。

Line6：nugget。

说明：块金效应值。数据类型为 float。

Line7：cmax。

说明：变异函数的上界（最大值）。数据类型为 float。

Line8：num_struct。

说明：嵌套结构数。数据类型为 int。

Line9：type。

说明：结构模型类型。数据类型为 int，取值如下。

(1) spherical//球状模型。

(2) exponential//指数模型。

(3) Gaussian//高斯模型。

(4) power//幂律模型。

(5) hole_effect//孔洞效应模型。

(6) exponential truncated power model//截断指数 TPV。

(7) Gaussian truncated power model//截断高斯 TPV。

Line10：sill。

说明：结构模型基台值，数据类型为 float。

Line11：twoh。

说明：$2H$（H 为 Hurst 指数）。数据类型为 float。如果 type＝6，则 $0<2H<1$；如果 type＝7，则 $0<2H<2$；其他模型提供缺省值，实际计算时，不参与计算。

Line12：ax[]。

说明：x 方向变程。数据类型为 float。

Line13：ay[]。

说明：y 方向变程。数据类型为 float。

Line14：az[]。

说明：z 方向变程。数据类型为 float。

Line15,16,17：anis。

说明：各向异性矩阵，表示各向异性方向与空间坐标系之间的方向余弦矩阵。

图 7-4 是对 $\ln k$、25000 个网格节点、提取的 4 次模拟顺序高斯条件模拟的结果图像。

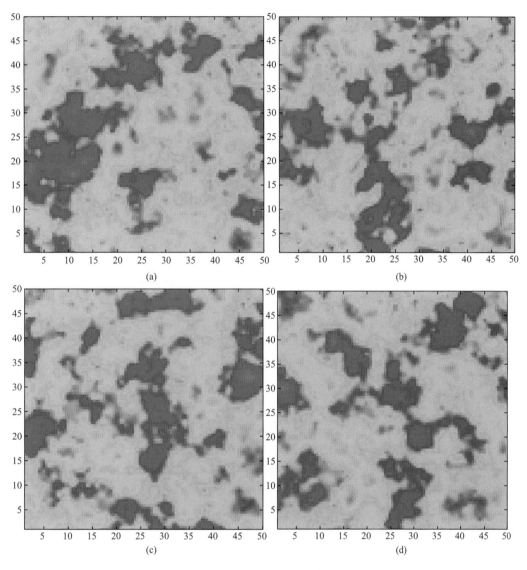

图 7-4 顺序高斯条件模拟结果

第二节 微观参数的尺度提升方法

因为各种测量手段获得的地质参数的尺度有差异,尺度提升(upscaling)也称尺度粗化是石油地质随机模型中不可缺少的一部分,特别是在油藏数值模拟中,需要通过提升小尺度的实测参数到适合数值模型的尺度参数,同时在大尺度上保持小尺度的流量和溶质运移行为,从而避免求解小尺度数值模型所造成的巨大成本。

在地质参数的粗化中,因为渗透率不像孔隙度和饱和度一样具有简单的可加性,因而不能利用简单的算术平均方法。对渗透率的粗化,文献中提出了很多方法,如幂率平均、

适用对数正态分布的修改后的幂率平均方法、重整化方法、有效媒介理论等，Renard 和
DeMarsily(1997)对上述方法的优缺点进行细致分析。

一、简单平均法

在一维非均质介质中，等效渗透系数等于小尺度渗透系数的调和平均。在二维非均质各向同性介质中，若渗透系数满足对数高斯分布，等效渗透系数等于小尺度渗透系数的几何平均，Gómez-Hernández 和 Wen(1998)、Sanchez-Vila 等(2006)证明了等效渗透系数界于小尺度渗透系数的算术平均和调和平均之间。Journel 等(1986)建议用指数平均来估计等效渗透系数。指数平均渗透系数定义为

$$\bar{K}_b = \left[\frac{1}{V(x)} \int_{V(x)} (K_x)^\omega \right]^{\frac{1}{\omega}} \tag{7-22}$$

式中，K_x 代表小尺度的渗透系数；ω 的变化范围在 -1 到 1，当指数 $\omega = -1$ 时，等效渗透系数 $\bar{K}_b$ 等于小尺度渗透系数的调和平均，当 $\omega = 0$ 时，等效渗透系数是小尺度渗透系数的几何平均；当 $\omega = 1$ 时，等效渗透系数是小尺度渗透系数的算术平均。Desbarats (1992)证明在三维各向同性小方差非均质介质中，$\omega = 1/7$，对于一般的非均质介质，指数 ω 需要通过数值实验校正来确定。简单平均方法的优点是计算方法简单，缺点是 ω 的值取决于具体含水层，一般需要通过反复校正获得。

在确定指数 ω 的研究中，Babadagli(2006a)将幂率平均方法的幂率指数和渗透率的分形维数关联起来。相关研究同时表明，渗透率无论在大尺度还是在小尺度上都表现出明显的分形特征。在微观尺度下，砂岩和石灰岩等介质的渗透率分布 Hurst 指数比较靠近 0.1，介于 0.1～0.25，表明渗透率在这个尺度下呈现较强的反持久性；而在大尺度下，渗透率分布的 Hurst 指数介于 0.6～0.9，表明渗透率在这个尺度下呈现较强的长程相关性。

Babadagli(2006b)利用随机模拟生成的分形渗透率场，依据不同的网格数(8×8×1，16×16×1，32×32×1，64×64×1)和不同的网格尺度(1×1×0.1，10×10×1，100×100×10，ft)对算术平均、几何平均、调和平均、重整化方法及将相应的指数换成分形维数之后的粗化结果做对比研究，并和精确值(利用黑油模型获得)对比，结果表明，利用分形维数作为指数 ω 的值，粗化后得到的结果和精确值(利用黑油模型获得)较吻合。

二、简单拉普拉斯尺度提升法

因为简单拉普拉斯需要求解流动方程(拉普拉斯方程)，所以命名为拉普拉斯法。在简单拉普拉斯尺度提升方法中，等效渗透系数假定为对角张量，并且其主成分方向平行于坐标轴。为了确定对角张量中每个主成分的值，在每个成分方向上，需求解小尺度的流动方程。例如，在二维非均质介质中，等效渗透系数张量有两个主成分。计算算法如下。

(1) 提取需要进行尺度放大的区域，定义边界条件(图 7-5)，然后解流动方程。

(2) 计算 y 方向剖面总流量 Q。

(3) 计算 K_{xx}^b：

$$\boldsymbol{K}_{xx}^{b} = -\left(\frac{Q}{y_1 - y_0}\right)\Big/\left(\frac{h_1 - h_0}{\boldsymbol{x}_1 - \boldsymbol{x}_0}\right) \tag{7-23}$$

式中，$y_1 - y_0$ 指大尺度网格的宽度，$h_1 - h_0$ 指大尺度网格左右边界之间的水位差，指大尺度网格的长度。对于 K_{yy}^{b}，仅仅需要将图 7-5 中的边界条件旋转 90 度，然后即可采用同样的方法解流动方程，计算等效渗透张量 y 方向的成分。

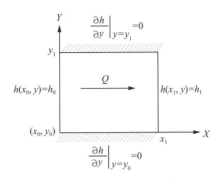

图 7-5　简单拉普拉斯尺度提升法中流动问题的边界条件(2D)

　　简单拉普拉斯尺度提升法已经被广泛地运用于石油工程和随机水文学研究中(Warren and Price, 1961; Journel et al., 1986; Desbarats, 1987; Deutsch, 1989)。近来，Sanchez-Vila et al. (1996)使用它研究了传导系数的尺度效应；Jourde et al. (2002)将简单拉普拉斯尺度提升法运用在含断层的含水层中，以计算其等效渗透系数；Flodin et al. (2004)以这种方法为例阐述了边界条件对尺度提升的影响；Fernandez-Garcia 和 Gómez-Hernández (2007)运用简单拉普拉斯尺度提升法评价了渗透系数尺度放大对溶质运移的影响。它有如此广泛的运用，可能的原因是它并非来自于经验而是自然物理过程，也就是说，它是基于求解流动方程。在某些特定条件下，运用此方法可以得到精确的等效渗透系数张量。如对于完全层化介质，且每层都平行于坐标轴的情况下，使用简单拉普拉斯尺度提升法得到的等效渗透系数张量将是精确解。

　　简单拉普拉斯尺度提升法的缺点是假设所得的等效渗透系数为对角张量。也就是说，如果小尺度的渗透系数产生的总流量不平行于参考轴，则图 7-5 中定义在大尺度网格上的边界条件不能代表实际的边界条件，因此，对角张量不足以描述这样的流动行为。

三、拉普拉斯-外壳法

　　为了克服简单拉普拉斯提升尺度方法(Laplace scale-up method)的缺点，Gómez-Hernández(1991)提出了拉普拉斯-外壳法。与简单拉普拉斯提升尺度法不同，拉普拉斯-外壳法假定等效渗透系数为全张量，而非对角张量。首先确定需要尺度放大的网格，在网格及其外壳(skin)区域上，解小尺度流动方程，据此求解等效渗透系数张量，其中外壳用来估计实际的大尺度网格的边界条件。

　　拉普拉斯-外壳尺度提升法的算法为：①提取需要尺度放大的区域，确定外壳区域；②在不同的边界条件下，解小尺度上的流动方程；③计算平均流量和梯度；④通过最小二乘法求解等效渗透张量。李郎平(2015)详细地介绍了该方法的计算过程，在第五章用同步数值实验证明了其算法的有效性。

拉普拉斯-外壳尺度提升法需要人为的设置边界条件,不当的边界条件可能导致粗化结果偏离比较大,这是其和拉普拉斯尺度提升法共有的缺点。

四、非均匀离散粗化

在执行尺度提升之前,需要确定大尺度网格的离散,也就是说需要确定进行尺度提升的区域。然后通过尺度提升,每个网格将得到相应的等效渗透系数。在尺度提升研究初期,人们通常采用均匀的大尺度网格离散,即网格的大小都一样。

Durlofsky 等(1997)提出非均匀的大尺度离散法,即流速较大或重点关注的区域,对网格进行加密,显而易见,在加密的区域,能更好的刻画小尺度的流动特征。Wen 和Gómez-Hernández(1996)进一步提出弹性的大尺度网格离散方法,即在大尺度的网格离散过程中采用了不规则的网格。

Merchan 和 Srinivasan(2007)给出一个新的基于非均匀网格的幂率平均方法,并且给出最优幂率指数。其基本思想是首先连用流线模拟器进行流线模拟,然后根据模拟结果,对高连通性和各向异性性比较强的区域构造精细一点的网格,具比较好的各向同性性的区域建立相对粗一些的网格。为保证流线模拟能精确反映地层各区域的非均质性,需要做多次模拟,然后将网格和流线相交的概率计算出来,并加以校正。利用上一步计算出来的概率考察哪些网格需要合并,并依照所要求的粗化后的目标网格数得到最终合并结果。从 Merchan 和 Srinivasan(2007)所提供的结果分析来看,其粗化方法取得了良好的效果。

五、重正化方法

重正化这一概念起源于统计物理,King(1989)首次将其应用于等价渗透率的计算。重正化方法属于一种递归算法,它的基本思想是将含有多个网格单元的复杂问题转化为易于处理的简单问题。在周期性边界条件下,利用重正化方法计算渗透率张量。Renard 等(1997)也提出了一种简化的重正化方法 MJ,其基本的粗化网块由 2 个网格组成,根据流体流动方向与这 2 个网格组合方向之间的关系,通过算术平均或调和平均计算得到提升尺度后的渗透率。重正化方法是一种快速的提升尺度方法,其计算精度相对较低,但当网格数目比较大时,其应用效果较好。

六、有效介质方法

根据有效介质理论,不均匀多孔介质的有效渗透率可通过等价模型来求取。Dagan(1979)利用有效介质方法计算了球形嵌入物的有效渗透率。Poley(1988)和 Dagan(1979)给出了椭圆形嵌入物有效渗透率的计算公式,利用该公式可以获得各向异性的有效渗透率张量。当渗透率的变化不太大时,有效介质方法可以获得较精确的结果,其缺点是只有当嵌入物形状较简单时才可获得解析解。

七、分形、分形维数及地质科学中分形

（一）分形简介

分形几何学产生于 20 世纪 70 年代末 80 年代初，是一门以非规则几何形态为研究对象的新型学科。Mandelbrot（1985）引用了"分形"这个术语描述空间或时间连续但不可微的一些对象，这些对象具有"精细的结构"，局部和整体又具有某种相似性或统计的自相似性。因而分形几何研究的对象主要有迭代方式产生的分形（如动力系统中的吸引子、斥子等），以及在自然界中广泛出现的一类分形现象——随机分形（其局部和整体具有统计的自相似性）。但到目前为止，分形并没有严格的数学定义，一般认为一个分形集合 F 具有以下的特性。

（1）F 具有"精细结构"，就是说在任意小的比例尺度下，它总有如同整体复杂的结构，而且局部和整体有某种相似性。

（2）F 是不规则的，不管是整体还是局部的几何性质都不可以用微积分或传统的欧几里得几何语言来描述。

（3）F 是某种方式下定义的"分形维数"通常大于 F 的拓扑维数。

（4）在很多有趣的情形中，虽然 F 具有错综复杂的精细结构，但 F 的定义可以非常简单，比如可以是递归方式产生，或者是一些随机过程的样本轨道等。

（二）分形维数

描绘一个分形集，其最重要的一个量是分形维数。直观上看，一个集合的维数反映了其填充空间能力的大小，表现了其在空间中分布的复杂性。通常的欧几里得几何研究的几何对象都具有整数维数，如直线或光滑的曲线是 1 维的，平面和光滑曲面（如单位球面）是 2 维的，空间中的一个长方体是 3 维的。然而对于像海岸线、科赫曲线等分形对象，其"填充空间的能力"无法用整数维数来描述，可以计算出从 Koch 曲线中任意截取一段，其 1 维 Lebesgue 测度是 ∞，而 2 维 Lebesgue 测度是 0，也就是说从一维的长度来看，其长度是无穷，从二维的面积来看，其面积却为 0。对于一些随机过程的样本轨迹，也有同样的特点，如一维 Brown 运动，其样本轨道以概率 1 连续，但几乎处处不可导。

一般而言，一个分形集的分形维数是非整数的，比如 Koch 曲线的 Hausdorff 维数是 lg4/lg3，一维布朗运动的样本轨迹的 Hausdorff 以概率 1 等于 3/2，维数都是非整数的。比较常见的分形维数定义有 Hausdorff 维数和盒维数。

（三）Hausdorff 测度与 Hausdorff 维数

假设 U 是 n 维欧氏空间 R^n 中的任意非空子集，定义集合 U 的直径为 $|U| = \sup\{|x-y|; x,y \in U\}$；若 $F \subset \bigcup_{i \geqslant 1} U_i$，其中可数集族 $\{U_i\}$ 直径至多为 δ，则称 $\{U_i\}$ 是 F 的一个 δ-覆盖。

假设 s 是一固定非负实数，对任意 $\delta > 0$，定义

$$H_\delta^s(F) = \inf\left\{\sum_{i \geq 1} |U_i|^s : \{U_i\} \text{ 是 } F \text{ 的一个 } \delta\text{-覆盖}\right\},$$

从 $H_\delta{}^s(F)$ 的定义可以看出，$H_\delta{}^s(F)$ 是 δ 的不增函数，取

$$H^s(F) = \lim_{\delta \to 0} H_\delta^s(F) \tag{7-24}$$

$H^s(F)$ 称为集合 F 的 s 维 Hausdorff 测度。Hausdorff 测度具有临界性质：存在 $s_0 \geq 0$，使

$$H^s(F) = \begin{cases} 0, & s > s_0 \\ \infty, & s < s_0 \end{cases} \tag{7-25}$$

s_0 称为集合 F 的 Hausdorff 维数，记为 $\dim_H F = s_0$。

Hausdorff 维数是分形的理论研究中比较重要的一个维数。如假设 F 是一个集合，$\lambda > 0$ 是一个尺度伸缩因子，则成立：

$$H^s(\lambda F) = \lambda^s H^s(F)$$
$$\dim_H(\lambda F) = \dim_H F \tag{7-26}$$

但 Hausdorff 维数非常难计算，比较适合研究生成机理比较清楚的分形集的性质，而对于工程中遇到的一些分形问题，一般计算相对而言比较好求的盒维数。

（四）盒维数及其估算方法

计算盒子维数时，先在空间中建立立体网格，记 ε 是小立方体的边长，记 $N(\varepsilon)$ 是用此小立方体网格覆盖住被测形体 F 所需的小立方体的数目，则集合 F 的上盒维数和下盒维数分别定义为

$$\underline{\dim}_B F = \varliminf_{\varepsilon \to 0} \frac{\lg N(\varepsilon)}{-\lg \varepsilon} \tag{7-27}$$

$$\overline{\dim}_B F = \varlimsup_{\varepsilon \to 0} \frac{\lg N(\varepsilon)}{-\lg \varepsilon} \tag{7-28}$$

若集合 F 的上盒维数和下盒维数相等，则称其为 F 的盒维数，记为

$$\dim_B F = \lim_{\varepsilon \to 0} \frac{\lg N(\varepsilon)}{-\lg \varepsilon} \tag{7-29}$$

维数公式意味着通过用边长为 ε 的小立方体覆盖被测形体来确定形体的维数。对于通常的规则物体，覆盖一根单位长度的线段所需要的长度为 ε 的小线段的数目大致为 $N(\varepsilon) = 1/\varepsilon$；用边长为 ε 的小正方形覆盖一个单位边长的正方形，所需要的小正方形数目大致为 $N(\varepsilon) = \left(\dfrac{1}{\varepsilon}\right)^2$；用边长为 ε 的小正方体覆盖一个单位边长的立方体，所需要的小正方体的数目大致为 $N(\varepsilon) = \left(\dfrac{1}{\varepsilon}\right)^3$。从这 3 个式子可见维数公式也适用于通常的维数含义。

在实际求维数的时候，对于性质比较好的分形集有维数计算公式，如科赫曲线的维数

$d=1.2618$,谢尔宾斯基海绵的维数 $d=2.7268$。对于一般的分形集,可利用幂率关系:

$$N(\varepsilon) \sim c\varepsilon^{-s}, \quad c \text{ 为常数}$$

来估计集合 F 的维数。对上式两边取对数,得

$$\lg N(\varepsilon) = \lg c - s\lg\varepsilon \tag{7-30}$$

对不同的 ε,分别计算 $\lg\varepsilon$、$\lg N(\varepsilon)$,然后对 $\{\lg\varepsilon, \lg N(\varepsilon)\}$ 做最小二乘直线拟合,拟合直线的斜率即为集合 F 的盒维数的估计。

在实际计算中,盒维数的计算常用的是差分计盒维数法(differential box counting, DBC),其是一种比较精确而又有效的盒维数估计方法。

以对一副 $M \times M$ 的灰度图像计算其盒维数为例来介绍 DBC 方法。

假设 $I(x, y)$ 为一副 $M \times M$ 灰度图像,被分划为 $s \times s$ 的网格,s 为整数,满足 $1 < s \leqslant M/2$。定义 $r = s/M$,假设图像的灰度值范围为 G。将 G 划分为 s 个等长子区间,并依次从小到大对这些区间编号。记 $y_{\max}$ 为第 (i,j) 网格中最大灰度值所对应的编号,$y_{\min}$ 为第 (i,j) 网格中最小灰度值所对应的编号,则第 (i,j) 网格中灰度的变化幅度为

$$n_r(i,j) = y_{\max} - y_{\min} + 1$$

记

$$N_r = \sum_{i,j} n_r(i,j) \tag{7-31}$$

对不同的 r 计算对应的 N_r,然后对数据点对 $\{(\lg r, \lg N_r)\}$ 做最小二乘直线拟合,设拟合曲线的斜率为 β,则图像 I 的盒维数为 $-\beta$。

八、地质参数的分形特征

随着分形理论的发展及在自然现象中观察到越来越多的研究对象具有分形特征,分形已在工程上得到广泛应用。如在地质参数方面,总假设地质参数在空间上的分布是一个随机分形,以前总假设分布是正态的或者对数正态的,在这些假设的基础上得到了在尺度粗化过程中从精细尺度下的分布参数到粗尺度下的分布参数的校正方法。在进一步的研究中,研究者们发现地质参数并不满足正态或者正态分布,如 Neuman (1990) 人指出这些分布具有尖峰胖尾的特征,是非高斯型分布,阶变异函数分段呈现幂率关系。

九、基于局部分形维数的 upscaling 方法

基于地质参数的分形特征,给出一个基于局部分形维数的 upscaling 方法,该方法基于以下两个直观考虑。

(1)局部维数反映地质参数在空间分布的非均值性,可以反映出空间中各处不同的地质背景。

(2)在 upscaling 过程中(如使用平均化方法),应将地质背景相同的同类型区域合在一起粗化,而要避免将不同类型的合在一起进行粗化。

本书采用的方法是首先计算各小网格点的局部维数,然后根据局部维数、局部均值,

利用 K-means 聚类算法将性态相同的网格聚类。

1. 计算局部维数

在具体计算局部盒维数的过程中,并不按照 DBC 方法,而是计算局部 Hurst 指数(H)。

假设 $\{B(t)\}, t \in T$ 为一个二维随机函数,若存在常数 c 和 H,使对任意 $t, s \in T$,有

$$E(|B(t)-B(s)|)=c|t-s|^H \tag{7-32}$$

则称 H 为该随机函数的 Hurst 指数。对上式两边取对数,得

$$\lg\{E(|B(t)-B(s)|)\}=\lg c+H\lg(|t-s|) \tag{7-33}$$

注意:①对于 2 维增量平稳的随机函数,其样本轨道的盒维数 D 以概率 1 成立:

$$D=2+1-H \tag{7-34}$$

H 越大,维数越小,H 越小维数越大;②对地质参数分布的实证研究表明(7-32)所揭示的幂率关系只对$|t-s|$落在某个区间内成立,该区间被称为无标度域;③利用式(7-33)可以比较方便地构造估计参数 H 的估计量,只需对样本数据以 $|t-s|$ 为横坐标,$\lg\{E(|B(t)-B(s)|)\}$ 为纵坐标,进行最小二乘直线拟合,斜率即为 H 的估计;④在无平稳假设的条件下,固定 s,从式(7-32)可以看出拟合的 H 亦反映了样本轨道在 s 处周围的变化剧烈程度;⑤在后面利用分形维数作为一个聚类指标,从式(7-34)可以看出只需要直接将 H 作为一个聚类指标即可。

计算局部 Hurst 指数以及聚类的过程如下。

假设已知小尺度下的数据集为 $I(i,j), 1\leqslant i\leqslant m, 1\leqslant j\leqslant n$。

(1) 对每个点 (i,j),在以其为中心的 5×5 的小窗口下计算分别对应的滞后区间为 $r_1=1, r_2=\sqrt{2}, r_3=2$ 的以下值(假设网格尺寸已经规一化为 1):

$$H_1=\frac{1}{\#\{(i',j')||i-i'|+|j-j'|=1\}}\sum_{|i-i'|+|j-j'|=1}|I(i',j')-I(i,j)| \tag{7-35}$$

$$H_2=\frac{1}{\#\{(i',j')||i-i'|=1,|j-j'|=1\}}\sum_{|i-i'|*|j-j'|=1}|I(i',j')-I(i,j)| \tag{7-36}$$

$$H_3=\frac{1}{\#\{(i',j')||i-i'|=2 \text{ 或 } |j-j'|=2\}}\sum_{|i-i'|=2 \text{或} |j-j'|=2}|I(i',j')-I(i,j)| \tag{7-37}$$

式中,记号 $\#\{(i',j')\}$ 表示集合 $\{(i',j')\}$ 的元素个数。

(2) 对 $\{(\lg r_i, \lg H_i)\}_{i=1}^3$ 利用最小二乘直线拟合,计算出直线的斜率,从而求出局部 Hurst 指数 $H(i,j)$;其中求点集 $\{(x_i,y_i)\}_{i=1}^n$ 的最小二乘拟合直线的斜率公式为

$$\text{斜率} = \frac{n\sum_{i=1}^{n} x_i y_i - (\sum_{i=1}^{n} x_i)(\sum_{i=1}^{n} y_i)}{n\sum_{i=1}^{n} x_i^2 - (\sum_{i=1}^{n} x_i^2)} \tag{7-38}$$

（3）为了提高聚类的精确度,还对 $\{(\lg r_i, \lg H_i)\}_{i=1}^{3}$ 求其二次 Lagrange 插值多项式,记常数项、一次项、二次项系数分别为 $c_0(i,j)$、$c_1(i,j)$、$c_2(i,j)$。横坐标不同的三点 $\{(x_i, y_i)\}_{i=1}^{3}$ 的 Lagrange 二次插值多项式的系数计算公式分别如下(记常数项、一次项、二次项系数依次为 c_0、c_1、c_2):

$$c_0 = \sum_{i=1}^{3} \frac{y_i}{\prod_{j\neq i}(x_i - x_j)} \tag{7-39}$$

$$c_1 = -\sum_{i=1}^{3} y_i \frac{\sum_{j=1,j\neq i}^{3} x_j}{\prod_{j\neq i}(x_i - x_j)} \tag{7-40}$$

$$c_2 = \sum_{i=1}^{3} y_i \frac{\prod_{j=1,j\neq i}^{3} x_j}{\prod_{j\neq i}(x_i - x_j)} \tag{7-41}$$

（4）对每个点 (i,j),计算其局部平均值:

$$A(i,j) = \frac{1}{\sharp\{(i',j')\mid |i-i'| \leqslant 2 \text{ 或 } |j-j'| \leqslant 2\}} \sum_{|i-i'| \leqslant 2 \text{或} |j-j'| \leqslant 2} I(i',j') \tag{7-42}$$

（5）对每组数据 $\{H(i,j)\}$、$\{c_0(i,j)\}$、$\{c_1(i,j)\}$、$\{c_2(i,j)\}$、$\{A(i,j)\}$ 规范化到 $[0,1]$ 区间用于聚类,如对 $\{H(i,j)\}$ 规范化的过程为

$$\bar{H}(s,t) = \frac{H(s,t) - \min\{H(i,j)\}}{\max\{H(i,j)\} - \min\{H(i,j)\}} \tag{7-43}$$

（6）对 $\{\bar{H}(i,j)\}$、$\{\bar{c}_0(i,j)\}$、$\{\bar{c}_1(i,j)\}$、$\{\bar{c}_2(i,j)\}$、$\{\bar{A}(i,j)\}$ 进行 k-means 聚类。

2. K-Means 聚类算法

K-Means 算法是目前为止在工业和科学应用中一种极有影响的聚类技术。在所有聚类算法中,K-Means 聚类算法是最经典的,同时也是使用最为广泛的一种基于划分的聚类算法,是十大经典数据挖掘算法之一。该算法始于一个簇的中心集合,该集合是随机选择的或者根据一些启发式方法选择。在每次的迭代过程中,每个样本点根据计算相似度被分配到最近的簇中。然后,重新计算簇的中心,也就是每个簇中所有数据的平均值。每个簇的中心就是所有这个簇的所有样本点的中心:

$$\mu_k = \frac{1}{N_k}\sum_{q=1}^{N_k} x_q \tag{7-44}$$

式中，N_k 是属于簇 k 的样本数目，是指簇 k 的中心。

K-Means 算法有许多可能的收敛条件。例如，搜索可能终止于划分误差在重新分配不再变化时，这表明这个划分可能是局部最优的。另一个终止条件可以是预先定义好的迭代次数。K-Means 算法可以被看作梯度体面（gradient-decent）的过程，开始于一个初始聚类中心集合，为了降低误差迭代更新样本点所属于的簇。K-Means 算法在样本点为 N，每个样本点的属性为 m 维，聚类的类别数为 K，进行 T 次迭代的时间复杂性为 $O(T \times K \times N \times M)$。K-Means 聚类算法是基于划分聚类方法中的一种，其具体做法是在欧几里得多维空间里把包含 N 个数据对象的数据集合划分为 K 个划分（$k \ll n$），其中每个划分分别代表一个聚类的簇。

首先，该算法需要用户指定将要聚类簇的个数 K，并用初始聚类中心选择策略选择 K 个数据对象作为初始聚类中心，对集合中除初始聚类中心（初始聚类中心可以不是集合中的对象）以外的其他数据对象，根据其与各个聚类中心的欧式距离将它置于离其最近的簇中。然后，重新计算每个簇中所有数据对象的平均值形成新的聚类中心。这个聚类过程重复迭代进行，直到满足预先设定的聚类终止条件为止。K-Means 聚类算法的步骤的描述如下（图 7-6）。

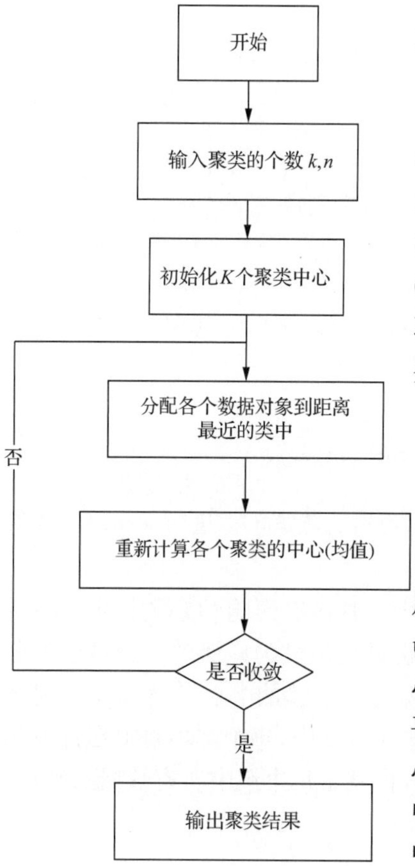

输入：DS 为包含 N 个数据对象的数据集合；K 为聚类簇的个数。

输出：K 个聚类簇的集合。

算法：①从 DS 中任意选择 k 个数据对象作为初始聚类中心；②重复；③根据数据对象与 k 个簇的相似度，将每个对象（再）分派到最相似的簇中；④计算每个簇中所有对象的均值形成新的簇中心；⑤直到满足预先设定的终止条件。上述描述中步骤⑤返回步骤③循环执行，当满足预先设定的终止条件时算法才结束。其算法流程如图 7-6 所示。

（三）算法实例

对一组模拟数据分别计算 $\{\bar{H}(i,j)\}$、$\{\bar{c}_0(i,j)\}$、$\{\bar{c}_1(i,j)\}$、$\{\bar{c}_2(i,j)\}$、$\{\bar{A}(i,j)\}$ 作为聚类指标，利用 K-means 聚类算法对地质参数做非均匀网格的 upscaling，效果如下：当原始模拟数据（图 7-7）的中心聚类数逐渐减少时，数据中的一些非均质性就被平均化（图 7-8 和图 7-9），形成新的聚类中心；当中心聚类数达到一定小时（图 7-10 和图 7-11），数据中的非均质性已经达到了极值，不再形成新的聚类中心，这也说明当尺度粗化达到一定的尺度时，即使继续粗化尺度，其粗化结果将保持不变。

图 7-6　分形聚类 upscaling 算法流程图

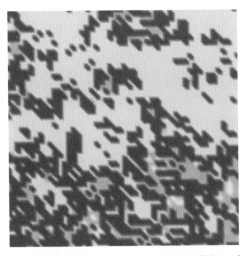

图 7-7 原始模拟数据（数据来源为随机模拟程序）

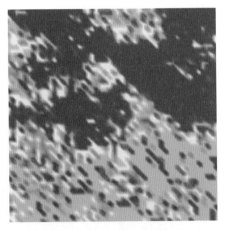

图 7-8 100 个中心聚类结果

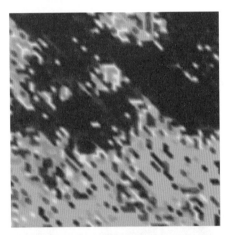

图 7-9 80 个中心聚类结果

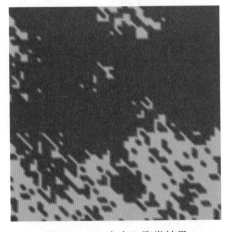

图 7-10 40 个中心聚类结果

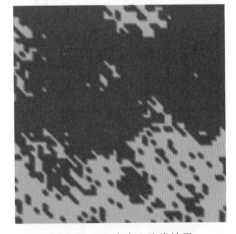

图 7-11 20 个中心聚类结果

第八章　集成油气勘探风险评价模拟整体构架设计

集成油气勘探风险评价模拟(integrated petroleum exploration risk assessment modeling,iPearMod)平台的设计旨在通过要素及过程约束的模拟方法手段改进和完善经典盆地和含油气系统模拟平台,使盆地及含油气系统模拟能够更切合地质条件,模拟结果在理论上更合理,在应用上可靠。所以 iPeraMod 平台整体格架应基于经典平台的基本原理,继承传统模拟流程,完善盆地及含油气系统模拟理论和方法。

第一节　盆地及含油气系统模拟方法及原理

盆地研究是一个复杂的系统工程,目前盆地研究正沿着系统化、定量化和动态化三个方面迅速发展。而盆地模拟是盆地系统、动态、定量综合研究的一个极其重要的方法。随着计算机及信息技术的发展,大规模、复杂系统模拟成为现实。用英语构词表达的盆地模拟 Modelling 就是对模式(Model)的运作。显然,只有适宜实情的模式才能运行并达到期望的要求。目前盆地及含油气系统模拟方法及原理基于美国地质勘探局(United States Geological Survey,USGS)含油气系统理论(Magoon and Dow,1991),该理论强调一个含油气系统必须具备烃源岩、储层和盖层核心要素,以及烃类生成、运移和保存的必要条件,同时强调要素与过程的搭配和耦合是形成油气聚集的必要条件(图 8-1)。

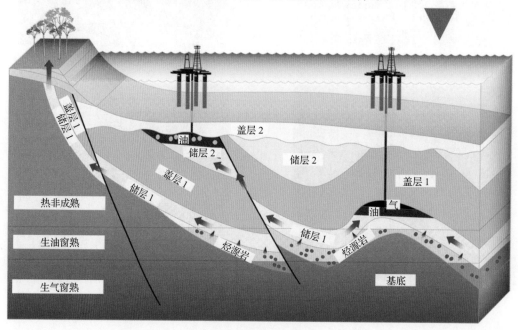

图 8-1　含油气系统图解

第二节　盆地及含油气系统模拟平台发展史

自20世纪70年代地质学家首先用计算机实现沉积地层的升降模拟以来,盆地模拟方法发展快速,国际上各石油公司及国家科研机构相继投入了大量研发经费。20世纪80年代有多个盆地模拟系统软件商业化,势头良好,但是不久就消沉下来,有些勘探家认为数值模拟不解决实用问题。随着三维地震技术及计算机和信息技术的神速发展,20世纪初有多个真三维盆地模拟软件平台被各大石油公司广泛使用,基本所有国际油气公司都成立了专门的盆地及含油气系统模拟团队。目前,主要的软件平台有 Schlumberger 的 PetroMod,法国 IFP 的 TemisFlow,Platter River Associates 的 BasinMod,Zetaware 公司的 Trinity,挪威石油公司的 SEMI 及 Haliburton 的 Permedia 软件平台。国内有两个较为成熟的盆地模拟平台,一个是由中国石化石油勘探开发研究院无锡地质所研发的 TSM 模拟平台(徐旭辉,1997),另外一个是中国石油勘探开发研究院的 BASIMS 模拟平台(石广仁等,1996)。

第三节　盆地及含油气系统模拟平台的架构

所有的盆地模拟软件平台大同小异。每个平台都需要模拟"五史",即埋藏史、热史、生烃史、排烃史和运聚史,其基本模拟流程包括盆地分析、地质建模、数学建模、软件开发与目标模拟(图 8-2)。盆地模拟平台往往与大型、多功能数据库连接,为模拟提供数据及参数,同时能够输出各种一维、二维和三维(3D)图件和表格。

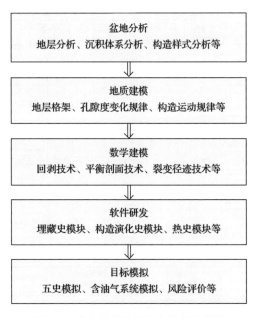

图 8-2　盆地模拟软件平台模拟流程图

中石化研发的 TSM 模拟平台构架(图 8-3)包括盆地分析系统、盆地模拟系统和资源评价系统。该模拟系统连接地质勘查数据库,专家知识库和评价标准库。中石油的 BASIMS 模拟平台架构(图 8-4)通过数据库连接"五史",模拟输入参数与输出结果,包括统计分析与综合评价模块、模拟模块等。

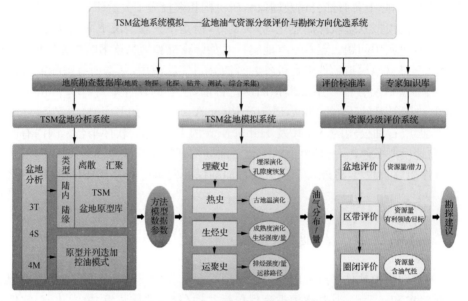

图 8-3　中石化 TSM 盆地模拟系统架构

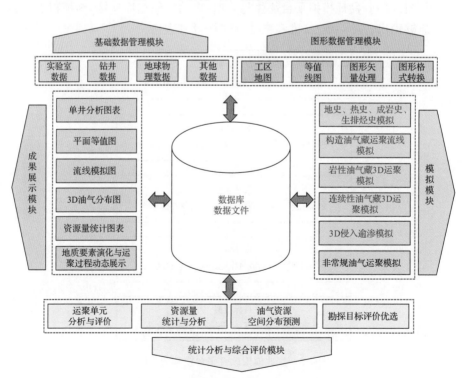

图 8-4　中石油 BASIMS 软件平台架构

Schlumberger 的 PetroMod 模拟软件平台能够模拟常规和非常规油气的"五史"演化（图 8-5 和图 8-6）。该软件平台能够模拟有机质孔隙度、二次裂解、Langmuir 吸附、岩石的地质力学性质，并增加了独特的运移算法。其模拟结果可与其他开发模拟平台（如 Petrel）整合一体化。

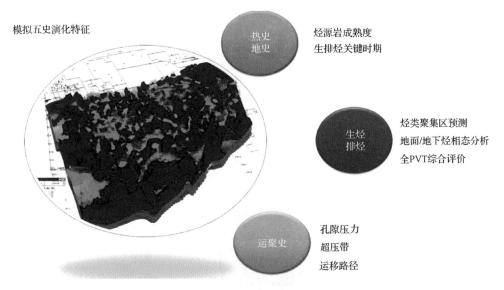

图 8-5 Schlumberger 公司非常规油气系统模拟构架

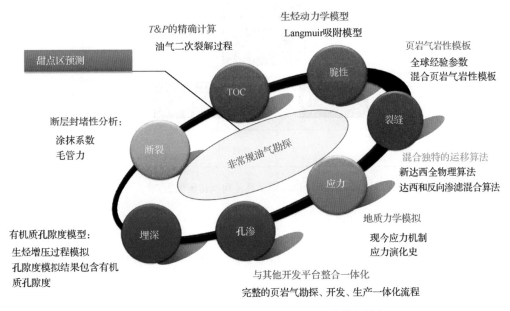

图 8-6 Schlumberger 公司非常规油气系统模拟构架

第四节　iPeraMod 模拟平台整体架构

因为经典的盆地模拟软件平台没有充分考虑沉积非均质性对含油气系统模拟的控制作用,IPeraMod 模拟平台以沉积非均质性模拟为基础(图 8-7),为烃源岩、储层和圈闭的评价提供了更切合实际、更合理的预测。成岩作用模型、生烃增压模型、分子动力学模型和 PVT 模型的加入和改进为模拟储层物性、油气运移动力、赋存和运移模式及油气资源量的计算提供了模块。

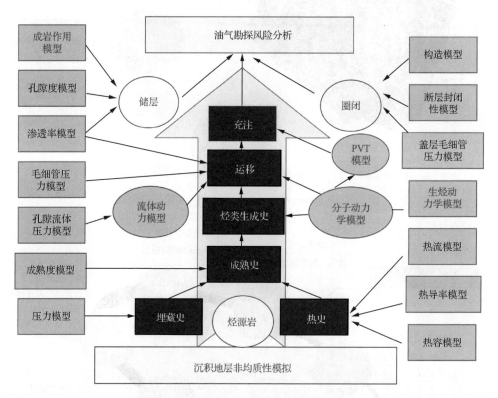

图 8-7　iPeraMod 整体构架初步设想

iPeraMod 软件平台的建立在未来研究中可以通过三种方式实现:①按图 8-7 构架重新设计全新的盆地模拟平台;②通过修改已有软件平台来实现;③建立独立的模块群与商业化软件对接(如通过 Schlumberger 的 Ocean ecosystem 衔接模块平台进行开发)。

第九章　结　　论

本次研究的主要目的是使用建立油气勘探风险评价模拟系统平台进行资源评价、勘探风险评价及为优化油藏开发提供数值模拟格架及参数。iPeraMod 模拟平台针对我国油气盆地的特殊性,采用中石油的基础理论研究成果(包括理论模式、数据库及相关参数和经验方程)对目标盆地进行定量化模拟。本书阶段研究主要完善了 iPeraMod 模拟平台的五大模拟模块中的沉积及地层层序学模拟模块和成岩作用模拟模块,并研发了生烃增压模拟模块和含油气系统微观参数尺度粗化的数值方法。各方面研究所取得的成果主要有以下 7 个方面。

(1) 实现了沉积非均质性与含油气系统有机链接与耦合模拟,并将其应用于鄂尔多斯盆地古生代致密气和中生代致密油的模拟中。以鄂尔多斯盆地为研究重点,建立鄂尔多斯盆地主体沉积体系三维高分辨率层序地层模型,并将这些高分辨率地质模型与盆地模拟软件进行无缝链接,进行油气运移模拟。将 SEDSIM 软件与 Temis 盆地模拟软件耦合,对中生代致密油研究结果表明,在经典地质模型的油气运聚模型中,得到的含油饱和度和资源量与实际资料并没有很好地吻合,而在 SEDSIM 软件中,有效砂岩(孔隙度大于或等于 7%)含油饱和度分布表明,长 7 段的含油饱和度最高,可达 65%;含油饱和度分布面积最大为长 6 段,其次为长 8 段,长 7 段最小;有效储层资源量以长 6 段 潜力最大,约 144.5 亿吨,其次为长 8 段,约 73.16 亿吨,长 7 段最小,约 16.14 亿吨。模拟结果与实际资料吻合较好。因此,定量地质模型更能有效反映沉积非均质性对油气运聚的控制作用。

(2) 建立了常见矿物反应热动力学数据库。模拟了鄂尔多斯盆地山西组和下石盒子组的成岩演化序列、不同水化学类型和不同矿物组合的敏感性分析。随 CO_2 注入量的增加,注入压力不断升高,CO_2 发生横向和纵向的运移,密度较小的 CO_2 会在储层顶板处聚集,顶板附近 pH 的降低为矿物的溶解提供了绝佳的反应场所。长石等硅酸盐矿物的溶解会产生互为共生关系的自生高岭石和自生石英,是造成储层孔隙度和渗透率减小的主要原因。

(3) 通过对天然气($C_1 \sim C_3$)在石英、黏土及有机质吸附的分子动力学模拟,发现在 $1 \sim 2nm$ 尺度下,天然气($C_1 \sim C_3$)在 SiO_2 为单层吸附并主要吸附在 O 原子上,甲烷的含量(物质的量)随着岩层间隙的增大而增大,乙烷和丙烷的含量(物质的量)减少。相比乙烷和丙烷,CH_4 吸附量最大并主要吸附在 O 原子;苯比 C_6H_{14} 更易吸附到碎屑岩纳米孔隙机构,天然气在含水的蒙脱石吸附量比不含水的蒙脱石吸附量减少 50%。

(4) 油气的二次运移和聚集主要是受到复杂得多物理场(包括地应力场、温压场、化学场和生物场)的影响。利用测井和油气显示资料,综合考虑多物理场的影响因素,预测油气运移通道、油气水分布(油柱高度)能够更能准确地模拟油气运聚及辨别常规和非常规油气藏。

(5) 建立烃源岩排烃前和排烃后的生油增压和生气增压数学模型。氢指数对生油增压的影响最小,石油残留系数影响最大,如果渗漏的油量达到生成石油总量的 25%,则不能产生明显的超压。氢指数对Ⅲ型干酪根烃源岩生油增压产生的影响最大,天然气残留系数影响最小,天然气残留系数只要大于 0.2 就可以产生超压。

(6) 利用随机分形的最新理论成果,实现了基于尺度效应模型的条件随机模拟过程,模拟过程即能处理高斯分布,也能处理具有重尾分布的非高斯分布,这就是使得模拟结果具有天然的分形特征和尺度效应,为后续 upscaling 方法和程序设计打下了坚实的基础。因此,有效降低了随机模拟方法与 upscaling 或降低尺度(Downsculing)等尺度效应分析研究脱节的问题,提升了一体化研究能力。

(7) 完成了 iPeraMod 的整体构架设计。iPeraMod 模拟平台以沉积非均质性模拟为基础为烃源岩、储层和圈闭的评价提供了更切合实际,更合理的预测。成岩作用模型、生烃增压模型、分子动力学模型和 PVT 模型的加入和改进对模拟储层物性、油气运移动力、赋存和运移模式及油气资源量的计算提供了模块。

参 考 文 献

曹红霞. 2008. 鄂尔多斯盆地晚三叠世沉积中心迁移演化规律研究. 西安：西北大学博士学位论文.

曹青. 2013. 鄂尔多斯盆地东部上古生界致密储层成岩作用特征及其与天然气成藏耦合关系. 西安：西北大学博士学位论文.

曹少芳, 李峰, 张博, 等. 2014. 库车拗陷野云 2 致密砂岩气藏地质特征及成藏机制. 东北石油大学学报, 38(3)：42-48.

陈凯, 刘震, 潘高峰, 等. 2012. 含油气盆地岩性圈闭成藏动态分析-以鄂尔多斯盆地西峰地区长 8 油藏为例. 新疆石油地质, 33 (4)：424-427.

楚美娟, 郭正权, 白嫦娥. 2012. 鄂尔多斯盆地延长组长 8 油层组沉积及其演化特征. 石油天然气学报, 34(2)：13-18.

邓贵文, 李继宏, 赵小强. 2012. 鄂尔多斯盆地姬塬地区长 8 油层组沉积相研究. 内江科技, 1：137-137.

董桂玉. 2009. 苏里格气田上古生界气藏主力含气层段有效储集砂体展布规律研究. 成都：成都理工大学博士学位论文.

冯松宝. 2012. 库车拗陷克拉苏构造带超高压大气田形成机制研究. 北京：中国矿业大学(北京)博士学位论文.

傅强, 李益. 2006. 鄂尔多斯盆地三叠系延长组长 8-长 油层组高分辨率层序地层格架及其地质意义. 现代地质, 20(4)：579-584.

古永红. 2003. 库车拗陷东部下第三系沉积相特征及成岩作用研究. 成都：西南石油学院博士学位论文.

顾家裕, 贾进华, 范土芝. 2001. 库车拗陷白垩系储层评价、重点区油气成藏系统分析及乌什凹陷地震层位对比. 新疆：塔里木油田分公司勘探开发研究院.

顾家裕, 张兴阳. 2004. 陆相层序地层学进展及在油气勘探开发中的应用. 石油与天然气地质, 5：484-490.

郭华, Hu Q, 张奇. 2011. 近 50 年来长江与鄱阳湖水文相互作用的变化;地理学报, 66(5)：609-618.

郭卫星, 漆家福, 李明刚, 等. 2010. 库车拗陷克拉苏构造带的反转构造及其形成机制. 石油学报, 31(3)：379-385.

郭真. 1996. 岩石中矿物空间分布的一种新的统计性描述. 世界地质, 15(01)：98-104.

韩慧萍. 2005. 塔里木盆地库车拗陷克拉 2 气田白垩系优质储层成岩作用的热力学模拟. 北京：中国地质大学(北京)博士学位论文.

韩永林, 王成玉, 王海红, 等. 2009. 姬塬地区长 8 油层组浅水三角洲沉积特征. 沉积学报, 27(6)：1057-1064.

何生, 何治亮, 杨智, 等. 2009. 准噶尔盆地腹部侏罗系超压特征和测井响应以及成因. 地球科学—中国地质大学学报, 34(3)：457-470.

贺承祖, 华明琪. 1998. 油气藏中水膜的厚度. 石油勘探与开发, 2：75-77.

胡春华. 1999. 历史时期鄱阳湖湖口长江倒灌分析. 地理学报, 54(1)：77-82.

胡见义, 黄第藩. 1991. 中国陆相石油地质理论基础. 北京：石油工业出版社.

李郎平. 2015. 滚石路径概率模拟模型及实现. 北京：中国科学院研究生院博士学位论文.

李相博, 刘化清, 陈启林, 等. 2010. 大型拗陷湖盆沉积坡折带特征及其对砂体与油气的控制作用——以鄂尔多斯盆地三叠系延长组为例. 沉积学报, 28(4)：717-729.

李元昊, 蔺昉, 杜金良, 等. 2007. 鄂尔多斯盆地三叠系延长组长 8 浅水三角洲沉积特征. 低渗透油气田, 12(3)：19-24.

李忠权, 陈更生, 郭冀义, 等. 2001. 准噶尔盆地南缘西部地层异常高压基本地质特征. 石油实验地质, 23(1)：47-51.

蔺宏斌, 侯明才, 陈洪德, 等. 2008. 鄂尔多斯盆地上三叠统延长组沉积体系特征及演化. 成都理工大学学报：自然科学版, 35(6)：674-680.

刘得光. 1998. 准噶尔盆地马桥凸起异常高压成因及油气成藏模式. 石油勘探与开发, 25(1)：21-26.

刘化清，李相博，完颜容，等. 2011. 鄂尔多斯盆地长 8 油层组古地理环境与沉积特征. 沉积学报，29（6）：1086-1095.

刘建清，赖兴运，于炳松. 2004. 库车拗陷白垩系储层的形成环境及成因分析. 现代地质，18（2）：249-255.

刘新社，周立发，侯云东. 2007. 运用流体包裹体研究鄂尔多斯盆地上古生界天然气成藏. 石油学报，28（6）：37-42.

刘自亮，朱筱敏，廖纪佳，等. 2013. 鄂尔多斯盆地西南缘上三叠统延长组层序地层学与砂体成因研究. 地学前缘，20（2）：1-9.

路遥. 2012. 普光地区上三叠统须家河组致密砂岩储层特征研究. 荆州：长江大学博士学位论文.

马春林，王瑞杰，罗必林，等. 2012. 鄂尔多斯盆地马岭油田长 8 油层组储层特征与油藏分布研究. 天然气地球科学，23（3）：514-519.

马逸麟，危泉香. 2002. 赣江三角洲的沉积机制及生长模式. 中国地质灾害与防治学报，13（4）：33-38.

裘怿楠，薛叔浩. 1997. 油气储层评价技术. 北京：石油工业出版社.

石广仁，郭秋麟，米石云，等. 1996. 盆地综合分析系统 BASIMS. 石油学报，17（1）1-9.

谭秀成，王振宇，曾伟，等. 2001. 库车前陆区白垩系成岩作用研究. 全国沉积学大会，武汉.

唐海评. 2015. 鄂尔多斯盆地华池—合水地区长 7 致密油成藏特征研究. 成都：西南石油大学博士学位论文.

田军. 2005. 塔里木盆地库车拗陷白垩系-第三系沉积相及储层分布预测研究. 成都：西南石油大学博士学位论文.

王昌勇，郑荣才，李士祥，等. 2010. 鄂尔多斯盆地早期构造演化与沉积响应——以姬塬地区长 8～ 长 6 油层组为例. 中国地质，37（1）：134-143.

王瑞飞. 2007. 低渗砂岩储层微观特征及物性演化研究. 西安：西北大学博士学位论文.

王瑞庆. 2008. 二维联合正态分布伪随机数生成算法的研究与实现. 电脑学习，（2）：9-11.

王晓梅. 2013. 鄂尔多斯盆地上古生界流体赋存特征及成藏机制. 西安：西北大学博士学位论文.

王行信，周书欣. 1992. 泥岩成岩作用对砂岩储层胶结作用的影响. 石油学报，13（4）：20-30.

吴晓智，李策. 1994. 准噶尔盆地莫索湾地区异常地层压力与油气聚集. 新疆石油地质，15（3）：208-213.

武富礼，李文厚，李玉宏，等. 2004. 鄂尔多斯盆地上三叠统延长组三角洲沉积及演化. 古地理学报，6（3）：307-315.

武文慧. 2011. 鄂尔多斯盆地上古生界储层砂岩特征及成岩作用研究. 成都：成都理工大学博士论文.

徐旭辉. 1997. TSM 盆地模拟. 北京：地质出版社.

闫建萍，刘池洋，张卫刚，李彪. 2010. 鄂尔多斯盆地南部上古生界低孔低渗砂岩储层成岩作用特征研究. 地质学报，84（2）：272-279.

闫小雄. 2001. 鄂尔多斯中生代盆地古物源分析与沉积环境格局恢复. 西安：西北大学硕士学位论文.

杨华，陈洪德，付金华，等. 2012a. 鄂尔多斯盆地晚三叠世沉积地质与油藏分布规律. 北京：科学出版社.

杨华，付金华，何海清，等. 2012c. 鄂尔多斯华庆地区低渗透岩性大油区形成与分布. 石油勘探与开发，39（6）：641-648.

杨华，付金华，刘新社，等. 2012b. 鄂尔多斯盆地上古生界致密气成藏条件与勘探开发. 石油勘探与开发，39（3）：295-303.

杨华，刘自亮，朱筱敏，等. 2013. 鄂尔多斯盆地西南缘上三叠统延长组物源与沉积体系特征. 地学前缘，20（2）：10-18.

杨威，魏国齐，李跃纲，等. 2008. 川西地区须家河组二段储层发育的主控因素和致密化时间探讨. 天然气地球科学，19（6）：796-800.

杨智，何生，何治亮，等. 2008. 准噶尔盆地腹部超压层分布与油气成藏. 石油学报，29（2）：199-205.

于志超，刘可禹，赵孟军，等. 2016. 库车凹陷克拉 2 气田储层成岩作用和油气充注特征. 地球科学：中国地质大学学报，（3）：533-545.

远光辉，操应长，杨田，等. 2013. 论碎屑岩储层成岩过程中有机酸的溶蚀增孔能力. 地学前缘，（5）：207-219.

查明，张卫海，曲江秀. 2000. 准噶尔盆地异常高压特征、成因及勘探意义. 石油勘探与开发，27（2）：31-35.

张斌. 2012. 塔里木盆地库车拗陷典型油气藏成因机制与分布规律. 北京：中国地质大学（北京）博士学位论文.

张宸恺，沈金松，樊震. 2007. 应用分形理论研究鄂尔多斯 MHM 油田低孔渗储层的孔隙结构. 石油与天然气地质，28（1）：110-115.

张创. 2013. 低渗砂岩储层孔隙结构特征及孔隙演化研究. 西安：西北大学博士学位论文.

张春生，陈庆松. 1996. 全新世郑阳湖沉积环境及沉积特征. 江汉石油学院学报，18(1)：24-29.

张淮浩，陈进富，李兴存，等. 2005. 天然气中微量组分对吸附剂性能的影响. 石油化工，34(07)：656-659.

张丽娟，李多丽，孙玉善，等. 2006. 库车拗陷西部古近系-白垩系沉积储层特征分析. 天然气地球科学，17(3)：355-360.

张文正，杨华，李善鹏. 2008. 鄂尔多斯盆地长91湖相优质烃源岩成藏意义. 石油勘探与开发，35(5)：557-562.

张文正，杨华，傅锁堂，等. 2007. 鄂尔多斯盆地长9-1湖相优质烃源岩的发育机制探讨. 中国科学，37(A01)：33-38.

赵靖舟，李军，曹青，等. 2013. 论致密大油气田成藏模式. 石油与天然气地质，34(5)：573-583.

赵振宇，郭彦如，王艳，等. 2012. 鄂尔多斯盆地构造演化及古地理特征研究进展. 特种油气藏，19(5)：15-20.

钟大康，朱筱敏，　　　，等. 2007. 初论塔里木盆地砂岩储层中 SiO_2 的溶蚀类型及其机理. 地质科学，42(2)：403-414.

周康，彭军，耿梅. 2008. 川中—川南过渡带致密砂岩储层物性主控因素分析. 断块油气田，15(2)：8-11.

朱海虹，郑长苏，王云飞，等. 1981. 鄱阳湖现代三角洲沉积相研究. 石油与天然气地质，2(2)：89-104.

朱伟林，李建平，周心怀，等. 2008. 渤海新近系浅水三角洲沉积体系与大型油气田勘探. 沉积学报，26(4)：575-582.

朱筱敏，邓秀芹，刘自亮，等. 2013. 大型拗陷湖盆浅水辫状河三角洲沉积特征及模式：以鄂尔多斯盆地陇东地区延长组为例. 地学前缘，20(2)：19-28.

邹才能，赵文智，张兴阳，等. 2008. 大型敞流拗陷湖盆浅水三角洲与湖盆中心砂体的形成与分布. 地质学报，82(6)：813-825.

邹才能，陶士振，张响响，等. 2009. 中国低孔渗大气区地质特征、控制因素和成藏机制. 中国科学（D辑：地球科学），11：1607-1624.

Babadagli T. 2006a. Effective permeability estimation for 2-D fractal permeability fields. Mathematical Geology, 38(1)：33-50.

Babadagli T. 2006b. Evaluation of the critical parameters in oil recovery from fractured chalks by surfactant injection. Journal of Petroleum Science and Engineering, 54(1)：43-54.

Barclay S A, Worden R H, Parnell J, et al. 2000. Assessment of fluid contacts and compartmentalisation in sandstone reservoirs using fluid inclusions：An example from the Magnus oil field, North Sea. AAPG Bulletin, 84(4)：489-504.

Barker C. 1972. Aquathermal pressuring role of temperature in development of abnormal pressure zones. AAPG Bulletin, 56(10)：2068-2071.

Berg R R. 1970. Method for determining permeability from reservoir rock properties. Transactions, Gulf Coast Association of Geological Societies, 20：303-317.

Burton R, Kendall C G S C, Lerche I. 1987. Out of our depth：On the impossibility of fathoming eustasy from the stratigraphic record. Earth-Science Reviews, 24(4)：237-277.

Calero S, Dubbeldam D, Krishna R, et al. 2004. Understanding the role of sodium during adsorption：A force field for alkanes in sodium-exchanged faujasites. Journal of the American Chemical Society, 126(36)：11377-11386.

Carruthers D, Ringrose P. 1998. Secondary oil migration：oil-rock contact volumes, flow behaviour and rates. Geological Society Special Publication, 144(1)：205-220.

Chalmers G R L, Bustin R M. 2012. Geological evaluation of Halfway-Doig-Montney hybrid gas shale-tight gas reservoir, northeastern British Columbia. Marine and Petroleum Geology, 38(1)：53-72.

Chen G, Hill K C, Hoffman N. 2002. 3D structural analysis of hydrocarbon migration in the Vulcan Sub-basin, Timor Sea//Keep M, Moss S J. The Sedimentary Basins of Western Australia 3. Proceedings of the Petroleum Exploration Society of Australia Symposium, Perth.

Cross T A, Lessenger M A. 1999. Construction and application of a stratigraphic inverse model. Special Publications of SEPM.

Dagan G. 1979. Models of groundwater flow in statistically homogeneous porous formations. Water Resources Research, 15(1): 47-63.

Deidda R. 2000. Rainfall downscaling in a space-time multifractal framework. Water Resources Research, 36(7): 1779-1794.

Dembicki H, Anderson M J. 1989. Secondary migration of oil: Experiments supporting efficient movement of separate, buoyant oil phase along limited conduits. AAPG Bulletin, 73(8): 1018-1021.

Desbarats A J. 1987. Numerical estimation of effective permeability in Sand-Shale formations. Water Resources Research, 23 (2), 273-286.

Desbarats A J. 1992. Spatial averaging of transmissivity in heterogeneous fields with flow towards a well. Water Resources Research, 28(3): 757-767.

Deutsch C V. 1989. Calculating effective absolute permeability in Sand-Shale sequences. SPE Formation Evaluation, 4(3), 343-348.

Dickinson G. 1953. Geological aspects of abnormal reservoir pressures in Gulf Coast Louisiana. AAPG Bulletin, 37(2): 410-432.

Dieckmann V. 2005. Modelling petroleum formation from heterogeneous source rocks: the influence of frequency factors on activation energy distribution and geological prediction. Marine and Petroleum Geology, 22(3): 375-390.

Donaldson A C. 1974. Pennsylvanian sedimentation of central Appalachians. Special Papers, Geological Society of America, 148: 47-48.

Dubbeldam D, Calero S, Vlugt T J H, et al. 2004a. Force field parametrization through fitting on inflection points in isotherms. Physical Review Letters, 93(8): 8-20.

Dubbeldam D, Calero S, Vlugt, T J H, et al. 2004b. United atom force field for alkanes in nanoporous materials. Journal of Physical Chemistry B, 108(33): 12301-12313.

Dubbeldam D, Galvin C J, Walton K S, et al. 2008. Separation and molecular-level segregation of complex alkane mixtures in metal-organic frameworks. Journal of the American Chemical Society, 130 (33):10884-10885.

Durlofsky L J, Jones R C, Milliken W J. 1997. A nonuniform coarsening approach for the scale-up of displacement processes in heterogeneous porous media. Advances in water Resources, 20 (5): 335-347.

Eadington P J, Lisk M, Krieger F W. 1996. Identifying oil well sites: United State, 5543616.

Eaton B A. 1976. Graphical method predicts geopressures worldwide. World Oil, 183(1): 100-104.

Edwards D S, Preston J C, Kennard J M, et al. 2004. Geochemical characteristics of hydrocarbons from the Vulcan Sub-basin, Bonaparte Basin, Australia. Jimor Sea Petroleum Geoscience, Proceedings of the Timor Sea Symposium, Northern Territory.

England W A, MacKenzie A S, Mann D M, et al. 1987. The movement and entrapment of petroleum fluids in the sub-surface. Journal of the Geological Society, 144(2): 327-347.

Etienne S, Mulder T, Bez M, et al. 2012. Multiple scale characterization of sand-rich distal lobe deposit variability: Examples from the Annot Sandstones Formation, Eocene-Oligocene, SE France. Sedimentary Geology, 273(6): 1-18.

Fernàndez-Garcia D, Gómez-Hernández J J. 2007. Impact of upscaling on solute transport: Traveltimes, scale-dependence of dispersivity and uncertainty. Water Resources Research, 43(2): 329-335.

Fisher J A, Nichols G J, Waltham D A. 2007. Unconfined flow deposits in the distal sectors of fluvial distributary systems: examples from the Luna and Huesca Systems, northern Spain. Sedimentary. Geology, 195(11): 55-73.

Fisk H N, Mcfarlan E J R, Kolb C R, et al. 1954. Sedimentary framework of the modern Mississippi delta. Journal of Sedimentary Petrology, 24(2): 76-99.

Fisk H N, Mcfarlan E J R. 1955. Late Quaternary deltaic deposits of the Mississippi River. Geological Society of America Special Paper, 62: 279-302.

Flett M, Gurton R, Weir G. 2007. Heterogeneous saline formations for carbon dioxide disposal: Impact of varying heterogeneity on containment and trapping. Journal of Petroleum Science and Engineering, 57(1): 106-118.

Flodin E A, Durlofsky L J, Aydin A. 2004. Upscaled models of flow and transport in faulted sandstone: Boundary condition effects and explicit fracture modelling. Petroleum Geoscience, 10(2), 173-181.

Freed R L, Peacor D R. 1989. Geopressured shale and sealing effect of smectite to illite transition. AAPG Bulletin, 73(10): 1223-1232.

Garcia-Perez E, Dubbeldam D, Maesen T L M, et al. 2006. Influence of cation Na/Ca ratio on adsorption in LTA 5A: A systematic molecular simulation study of alkane chain length. Journal of Physical Chemistry B, 110(47): 23968-23976.

Garcia-Sanchez A, Ania C O, Parra J B, et al. 2009. Transferable force field for carbon dioxide adsorption in zeolites. Journal of Physical Chemistry C, 113(20): 8814-8820.

George S C, Ahmed M, Liu K, et al. 2004. The analysis of oil trapped during secondary migration. Organic Geochemistry, 35(11): 1489-1511.

George S C, Krieger F W, Eadington P J, et al. 1997. Geochemical comparison of oil-bearing fluid inclusions and produced oil from the Toro sandstone, Papua New Guinea. Organic Geochemistry, 26, 155-173.

Gibbs R J, Matthews M D, Link D A. 1971. The Relationship between sphere size and settling velocity. Journal of Sedimentary Research, 41(1): 7-18.

Granjeon D, Joseph P. 1996. Concepts and applications of a 3D multiple lithology, diffusive model in stratigraphic modeling. Special Publication, 62: 197-210.

Granjeon D. 1997. Modelisation stratigraphique deterministe: conception et applications d'un modele diffusif 3D multilithologique. Rennes: University of Rennes.

Griffiths C M, Dyt C, Paraschivoiu E, et al. 2001. Sedsim in hydrocarbon exploration. New York: Springer US.

Guo X W, He S, Liu K Y, et al, 2010. Oil generation as the dominant overpressure mechanism in the Cenozoic Dongying depression, Bohai Bay Basin, China. AAPG Bulletin, 94(12): 1859-1881.

Gurvitsch L G. 1915. Physicochemical attractive forch. Journal of Physics and Chemistry, 47: 805-827.

Gómez-Hernández J J. 1991. A stochastic approach to the simulation of block conductivity values conditioned upon data measured at a smaller scale. Stanford: Stanford University.

Gómez-Hernández J, Wen X. 1998. To be or not to be multi-Gaussian? A reflection on stochastic hydrogeology. Advances in Water Resources, 21(1): 47-61.

Harrington J F, Noy D J, Horseman S T, et al. 2009. Laboratory study of gas and water flow in the Nordland Shale, Sleipner, North Sea. AAPG Special Volumes, 59: 521-543.

Harris J G, Yung K H. 1995. Carbon dioxides liquid-vapor coexistence curve and critical properties as predicted by a simple molecular-model. Journal of Physical Chemistry, 99(31):12021-12024.

Hermanrud C, Wensaas L, Teige G M G, et al. 1998. Shale porosities from well logs on Haltenbanken (Offshore Mid-Norway) show no influence of overpressuring. AAPG Memoir 70(70): 65-85.

Hirsch L M, Thompson A H. 1995. Minimum saturations and buoyancy in secondary migration. AAPG Bulletin, 79(5): 676-710.

Huang X, Dyt C, Griffiths C, et al. 2012. Numerical forward modelling of 'fluxoturbidite' flume experiments using sedsim. Marine and Petroleum Geology, 35(1): 190-200.

Hubbert M K, Rubey W W. 1959. Role of fluid pressure in mechanics of overthrust faulting. Geological Society of American Bulletin, 70(2): 115-166.

Hunt J M. 1990. Generation and migration of petroleum from abnormally pressured fluid compartments. AAPG Bulletin, 74(1): 1-12.

Hyun Y. 2002. Multiscale analysis of permeability in porous and fractured media. Tucson: The University of Arizona.

Jia C, Li Q. 2008. Petroleum geology of Kela-2, the most productive gas field in China. Marine and Petroleum Geology, 25(4): 335-343.

Jourde H, Flodin E A, Aydin A, et al. 2002. Computing permeability of fault zones in eolian sandstone from outcrop measurements. AAPG Bulletin,86(7): 1187-1200.

Journel A G, Deutsch C, Desbarats A J. 1986. Power averaging for block effective permeability. SPE California Regional Meeting, Oakland.

Kendall C G S C, Strobel J, Cannon R, et al. 1991. The simulation of the sedimentary fill of basins. Journal of Geophysical Research: Solid Earth, 96(B4): 6911-6929.

Kennard J M, Deighton I, Edwards D S, et al. 1999. Thermal history modelling and transient heat pulses: new insights into hydrocarbon expulsion and 'Hot Flushes' in the Vulcan Sub-basin, Timor Se. The APPEA Journal, 39(1): 177-207.

Kihm J H, Kim J M, Wang S, et al. 2012. Hydrogeochemical numerical simulation of impacts of mineralogical compositions and convective fluid flow on trapping mechanisms and efficiency of carbon dioxide injected into deep saline sandstone aquifers. Journal of Geophysical Research: Solid Eartch, 117(B6): 360-366.

King P R. 1989. The use of renormalization for calculating effective permeability. Transport in Porous Media. 4(1): 37-58.

Kivior T, Kaldi J G, Lang S C. 2002. Seal potential in cretaceous and late jurassic rocks of the vulcan sub-basin, North West Shelf Australia. The APPEA Journal, 42: 203-224.

Kroonenberg S B, Simmons M D, Alekseevki N I, et al. 2005. Two deltas, two basins, one river, one sea: The modern Volga delta as an analogue of the Neogene Productive Series, South Caspian Basin. SEPM Special Publication, 83(3): 231-256.

Krumbein W C, Monk G D. 1943. Permeability as a function of size parameters of unconsolidated sand. Transactions of the American Institute of Mining and Metallurgical Engineers, 151(1): 153-163.

Krushin J T. 1997. Seal Capacity of Nonsmectite Shale// Surdam R C. AAPG Memoir 67: Seals, Traps, and the Petroleum System: 31-47.

Lai J, Wang G, Chai Y, et al. 2015. Depositional and diagenetic controls on pore structure of tight gas sandstone reservoirs: Evidence from Lower Cretaceous Bashijiqike Formation in Kelasu Thrust Belts, Kuqa Depression in Tarim Basin of West China. Resource Geology, 65(2): 55-75.

Lang S C, Payenberg T, Reilly M, et al. 2004. Modern Analogues for dryland sandy fluvial-lacustrine deltas and terminal splay reservoirs. Australain Petroleum Production and Exploration Association, 44: 329-356.

Lang S C, Reilly M, Fisher J A, et al. 2006. A new facies model for terminal splays in dryland fluvial-lacustrine Basins. AAPG Annual Convention, Houston.

Lasaga A C, Soler J M, Ganor J, et al. 1994. Chemical weathering rate laws and global geochemical cycles. Geochimica et Cosmochimica. Acta, 58(10): 2361-2386.

Law B E, Dickinson W W, 1985. Conceptual model of origin of abnormally pressured gas accumulations in low permeability reservoirs. AAPG Bulletin, 69(8): 1295-1304.

Li F, Dyt C P, Griffiths C M, et al. 2007. Predicting seabed change as a function of climate change over the next 50 years in the Australian southeast. Geological Society of America Special Papers, 426: 43-64.

Li F, Griffiths C M, Salles T, et al. 2008a. Climate change impact on NW Shelf seabed evolution and its implication on offshore pipeline design. APPEA Journal, 48: 171-189.

Li Z D, Hui K Y, Li L, et al. 2008b. Analysis of characteristics of gas migration and reservoir-forming in the Upper Paleozoic of northern Ordos Basin. Journal of Mineralogy and Petrology, 28: 77-83.

Liang D, Cheng L, Li F. 2005. Numerical modelling of scour below a pipeline in currents. Coastal Engineering, 52(1): 43-62.

Lisk M, Eadington P J. 1994. Oil migration in the Cartier Trough, Vulcan Sub-basin. The Sedimentary Basins of

Western Australia: Proceedings Western Australian Basins Symposium, Perth.

Lisk M, Brincat M P, Eadington P J, et al. 1998. Hydrocarbon charge in the Vulcan Sub-basin, Vulcan Sub-basin. The Sedimentary Basins of Western Australia 2: Proceedings of the Petroleum Exploration Society of Australia Symposium, Perth.

Liu H H, Molz F J. 1997. Comment on "Evidence for non-Gaussian scaling behavior in heterogeneous sedimentary formations" by Scott. Water Resources Research, 33(4): 907-908.

Liu K, Eadington P J. 2000. A new method for identifying oil migration pathways by combining analysis of well logs and direct oil indicators. AAPG Bulletin, 84(13): 86-87.

Liu K, Eadington P J. 2003. A new method for identifying secondary oil migration pathways. Journal of Geochemical Exploration, 78: 389-394.

Liu K, Paterson L, Wong P M, et al. 2002. A sedimentological approach to reservoir upscaling. Transport in Porous Media, 46(2-3): 285-310.

Lovejoy S, Schertzer D. 1985. Generalized scale invariance in the atmosphere and fractal models of rain. Water Resources Research, 21: (8): 1233-1250.

Lovejoy S, Schertzer D. 1995. Multifractals and rain//Kundzewicz A W. New Uncertainty Concepts in Hydrology and Water Resources. Cambridge: Cambridge University Press.

Magara K. 1975. Importance of aquathermal pressuring effect in gulf coast. AAPG Bulletin, 59(10): 2037-2045.

Magoon L B, Dow W G. 1991. The petroleum system from source to trap. AAPG Memoir, 14(3): 627.

Mandelbrot B B. 1985. Self-Affine Fractals and Fractal Dimension. Physica Scripta, 32(4): 257-260.

Meissner F F. 1976. Abnormal electric resistivity and fluid pressure in Bakken Formation, Williston basin, and its relation to petroleum generation, migration, and accumulation. AAPG Bulletin, 60(8): 1403-1404.

Menabde M D, Harris A, Seed G, et al. 1997. Multiscaling properties of rainfall and bounded random cascades. Water Resources Research, 33(12), 2823-2830.

Merchan S, Srinivasan S. 2007. Upsealing using a non-uniform coarsened grid with optimum power average. Journal of Canadian Petroleum Technology, 46(7): 21-29.

Merchan-Merchan W, Saveliev A V, Desai M. 2009. Volumetric flame synthesis of well-defined molybdenum oxide nanocrystals. Nanotechnology, 20(47): 475-601.

Metropolis N, Rosenbluth A W, Rosenbluth M N, et al. 1953. Equation of state calculations by fast computing machines. Journal of Chemical Physics, 21(6): 1087-1092.

Meyer M, Mareschal M, Hayoun M. 1988. Computer modeling of a liquid interface. Journal of Chemical Physics, 89(2): 1067-1073.

Miall A D. 1990. Principles of Sedimentary Basin Analysis, 2nd edn, New York: Springer-Verlag.

Miles J A. 1990. Secondary migration routes in the Brent sandstones of the Viking Graben and East Shetland Basin: Evidence from oil residues and subsurface pressure data. AAPG Bulletin, 74(11): 1718-1735.

Molz F J, Rajaram H, Lu S. 2004. Stochastic fractal-based models of heterogeneity in subsurface hydrology: Origins, applications, limitations, and future research questions. Reviews of Geophysics, 41(1): 1350-1356.

Neuman S P. 1990. Universal scaling of hydraulic conductivities and dispersivities in geologic media. Water Resources Research, 26(8): 1749-1758.

Nordlund U. 1996. Formalizing geological knowledge with an example of modeling stratigraphy using fuzzy logic. Journal of Sedimentary Research, 66(4): 689-698.

Olariu C, Bhattacharya J P. 2006. Terminal distributary channels and delta front architecture of river-dominated delta systems. Journal of Sedimentary Research, 76(2): 212-233.

Olson E N, Perry M, Schulz R A. 1995. Regulation of muscle differentiation by the MEF2 family of MADS box transcription factors. Developmental Biology. 172(1): 2-14.

Osborne M J, Swarbrick R E. 1997. Mechanisms for generating overpressures in sedimentary basins: A revaluation.

AAPG Bulletin, 81(6): 1023-1041.

Otto C J, Underschultz J R, Henning A L, et al. 2001. Hydrodynamic analysis of flow systems and fault seal integrity in the North West Shelf of Australia. The APPEA Journal, 41: 347-365.

Overeem I, Krooneneberg S B, Veldkamp A, et al. 2003. Small-scale stratigraphy in a large ramp delta: Recent and Holocene sedimentation in the Volga delta, Caspian Sea. Sedimentary Geology, 159(3): 133-157.

O'Brien G W, Sturrock S, Barber P. 1996. Vulcan tertiary tie (VTT) basin study, Vulcan sub-basin, Timor Sea, northwestern Australia. Australian Geological Survey Organisation Agso Record, 61:1-37.

Painter S. 1995. Random fractal models of heterogeneity: The Levy-stable approach. Mathematical Geology, 27(7): 813-830.

Painter S. 1996. Stochastic interpretation of aquifer properties using fractional Levy motion. Water Resources Research, 32(5): 1323-1332.

Painter S, Paterson L. 1994. Fractional Levy motion as a model for spatial variability in sedimentary rock. Geophysical Research Letters, 21(25): 2857-2860.

Painter S, Paterson L, Boult P. 1997. Improved technique for stochastic interpretation of reservoir properties. SPE Journal, 2 (1): 48-57.

Panagiotopoulos A Z. 2005. Simulations of phase transitions in ionic systems. Journal of Physics-Condensed Matter, 17(45): S3205.

Pang L S K, George S C, Quezada R A. 1998. A study of the gross composition of oil-bearing fluid inclusions using high performance liquid chromatography. Organic Geochemistry, 29(1): 1149-1161.

Parker J D A, Bagby R M, Webster C D. 1993a. Domains of the impulsivity construct: A factor analytic investigation. Personality and Individual Differences, 15(3): 267-274.

Parker S C, Titiloye J O, Watson G W et al. 1993b. Molecular modeling of carbonate minerals: Studies of growth and morphology. Philosophical Transactions of the Royal Society of London Series A: Mathematical, Physical and Engineering Sciences, 344(1670): 37-48.

Peng D, Robinson D B. 1976. A New two-constant equation of state. Industrial and Engineering Chemistry Fundamentals, 15(1): 59-64.

Pittman E D. 1992. Relationship of porosity and permeability to various parameters derived from mercury injection-capillary pressure curves for sandstone. AAPG Bulletin, 76(2): 191-198.

Poley A D. 1988. Effective permeability and dispersion in locally heterogeneous aquifers. Water Resources Research, 24(11): 1921-1926.

Postma G. 1990. Depositional architecture and facies of river and fan deltas: A synthesis. Coarse-grained Deltas, 10: 13-27.

Renard P, DeMarsily G. 1997. Calculating equivalent permeability: A review. Advancesin Water Resources, 20(5): 253-278.

Renard P, Le Loc'H G, Ledoux E, et al. 1997. Simplified Renormalization: A New Quick Upscaling Technique. Berlin:Springer Netherlands.

Rubey W W, Hubbert M K. 1959. Role of fluid pressure in mechanics of overthrust faulting II. Geological Society of American Bulletin, 70(2): 167-206.

Salles T, Marchès E, Dyt C, et al. 2010. Simulation of the interactions between gravity processes and contour currents on the Algarve Margin, South Portugal, using the stratigraphic forward model Sedsim. Sedimentary Geology, 229(3): 95-109.

Samorodnitsky G, Taqqu M S. 1994. Stable non-Gaussian random processes: Stochastic models with infinite variance. New York: Chapman and Hall.

Sanchez-Vila X, Guadagnini A, Carrera J. 2006. Representative hydraulic conductivities in saturated groundwater flow. Reviews of Geophysics, 44 (3): 535-540.

Schowalter T T. 1979. Mechanics of secondary hydrocarbon migration and entrapment. AAPG Bulletin, 63(5): 723-760.

Selle O M, Jensen J I, Sylta O, et al. 1993. Experimental verification of low-dip, low rate two-phase (secondary) migration by means of gamma-ray absorption//"Geofluid 93" Contribution to International Conference on Fluid Evolution, Migration and Interaction in Rocks, Torquay.

Shankman D, Keim B D, Song J. 2006. Flood frequency in China's poyang lake region: Trends and teleconnections. International Journal of Climatology, 26(9): 1255-1266.

Shuai Y, Zhang S, Mi J, et al. 2013. Charging time of tight gas in the Upper Paleozoic of the Ordos Basin, central China. Organic Geochemistry, 64: 38-46.

Shuster M W, Aiger T. 1994. Two-dimensional synthetic seismic and log cross section from stratigraphic forward models. AAPG Bulletin, 78(3): 409-431.

Siepmann J I, Frenkel D. 1992. Configurational bias Monte Carlo: A new sampling scheme for flexible chains. Molecular Physics, 75, (1): 59-70.

Siepmann J I, Karaborni S, Smit B. 1993. Simulating the critical properties of complex fluids. Nature, 365: 330-332.

Spencer C W. 1987. Hydrocarbon generation as a mechanism for over pressing in rocky mountain region. AAPG Bulletin, 71(4): 368-388.

Standing M B, Katz D L. 1942. Density of natural gases. Transactions of AIME 146(1): 140-149.

Sylta O, Pedersen J I, Hamborg M. 1998. On vertical and lateral distribution of hydrocarbon migration velocities during secondary migration. Geological society Special Publication, (1): 221-232.

Teige G M G, Hermanrud C, Wensaas L, et al. 1999. The lack of relationship between overpressure and porosity in North Sea and Haltenbanken shales. Marine and Petroleum Geology, 16(4): 321-335.

Tetzlaff D M, Harbaugh J W. 1989. Simulating Clastic Sedimentation. Berlin: Springer-Verlag.

Topham B, Liu K, Eadington P J. 2003. Relationship between V-shale, petrographic character and petrophysical data from the Jurassic reservoir sandstones in the southern Vulcan Sub-basin. Petrophysics, 44(1): 36-47.

Turcotte D L. 1989. A fractal approach to probabilistic seismic hazard assessment. Tectonophysics, 167(2-4): 171-177.

Ungerer P, Behar E, Discamps D. 1983. Tentative calculation of the overall volume expansion of organic matter during hydrocarbon genesis from geochemistry data: Implications for primary migration. Advance in Organic Geochemistry, 10: 129-135.

van Baaren J P. 1979. Qick-look permeability estimates using sidewall samples and porosity logs//6th European logging symposium transactions: Society of Professional Well Log Analysis, 19-25.

Veneziano D, Langousis A, Lepore C. 2009. New asymptotic and preasymptotic results on rainfall maxima from multifractal theory. Water Resources Research, 45(11): 2471-2481.

Warren J E, Price H S. 1961. Flow in heterogeneous porous media. Society of Petroleum Engineers Journal, 1(3): 153-169.

Welker J R, Dunlop D O. 1963. Physical properties of carbonate oils. Journal of Petroleum Technology. 1963, 15: 873.

Wen X H, Gómez-Hernández J J. 1996. Upscaling hydraulic conductivities in heterogeneous media: An overview. Journal of Hydrology, 183(1): ix-xxxii.

Wendebourg J. 1 994. Simulating hydrocarbon migration and stratigraphic traps. Palo Alto: Stanford University.

Wyllie M R J, Rose W D. 1950. Some theoretical considerations related to the quantitative evaluation of the physical characteristics of reservoir rock from electric log data. Journal of Petroleum Technology, 2(4): 105-118.

Yang Y, Aplin A C. 2010. A Permeability-porosity relationship for mudstones. Marine and Petroleum Geology, 27(8): 1692-1697.

Zhang H, Zhang R, Yang H, et al. 2014. Characterization and evaluation of ultra-deep fracture-pore tight sandstone reservoirs: A case study of cretaceous bashijiqike formation in kelasu tectonic zone in Kuqa foreland basin, Tarim, NW China. Petroleum Exploration and Development, 41(2): 175-184.

Zhang J F, Pan Z J. 2011. Effect of potential energy on the formation of methane hydrate. Journal of Petroleum Science and Engineering, 76(3): 148-154.

Zhang J F, Hawtin R W, Yang Y, et al. 2008. Molecular dynamics study of methane hydrate formation at a water/methane interface. Journal of Physical Chemistry B, 112(34): 10608-10618.

Zhang J, Burke N, Yang Y. 2012a. Molecular simulation of propane adsorption in FAU zeolites. The Journal of Physical Chemistry C, 116(17): 9666-9674.

Zhang J F, Di Lorenzo M, Pan Z. 2012b. Effect of surface energy on carbon dioxide hydrate formation. The Journal of Physical Chemistry B, 116(24): 7296-7301.

Zou C N, Zhang X Y, Luo P, et al. 2010. Shallow-lacustrine sand-rich deltaic depositional cycles and sequence stratigraphy of the upper triassic Yanchang formation, Ordos basin, China. Basin Research, 22(1): 108-125.